应用型本科 汽车类专业"十三五"规划教材

汽车动力与传动技术

主　编　许广举　刘　帅

副主编　赵　洋　李铭迪

西安电子科技大学出版社

内 容 简 介

　　本书共分八章。第一章介绍内燃机工作循环与工作指标，第二章介绍内燃机换气过程，第三章介绍内燃机燃料供给与调节系统，第四章介绍内燃机混合气形成与燃烧过程，第五章介绍内燃机的排放控制，第六章介绍内燃机试验技术，第七章介绍汽车新型动力系统，第八章介绍汽车传动技术。

　　本书可作为动力机械及工程、车辆工程、汽车服务工程等专业的教材，并可作为汽车动力与传动领域工程技术人员的参考资料。

图书在版编目(CIP)数据

　　汽车动力与传动技术/许广举，刘帅主编. —西安：西安电子科技大学出版社，2018.3
　　ISBN 978 - 7 - 5606 - 4829 - 3

　　Ⅰ. ① 汽… Ⅱ. ① 许… ② 刘… Ⅲ. ① 汽车—动力系统 ② 汽车—传动系
　　Ⅳ. ① U463.2

中国版本图书馆 CIP 数据核字(2018)第 010621 号

策　　划　高　樱
责任编辑　宁晓蓉
出版发行　西安电子科技大学出版社(西安市太白南路 2 号)
电　　话　(029)88242885　88201467　　　邮　　编　710071
网　　址　www. xduph. com　　　　　　　电子邮箱　xdupfxb001@163. com
经　　销　新华书店
印刷单位　陕西利达印务有限责任公司
版　　次　2018 年 3 月第 1 版　2018 年 3 月第 1 次印刷
开　　本　787 毫米×1092 毫米　1/16　印张　11
字　　数　256 千字
印　　数　1~3000 册
定　　价　24.00 元
ISBN 978 - 7 - 5606 - 4829 - 3/U
XDUP 5131001 - 1

＊＊＊如有印装问题可调换＊＊＊

应用型本科 汽车类专业"十三五"规划教材

编审专家委员会名单

主　任：陈庆樟（常熟理工学院　汽车工程学院　院长/教授）

副主任：夏晶晶（淮阴工学院　交通工程学院　院长/教授）

倪晓骅（盐城工学院　汽车工程学院　院长/教授）

贝绍轶（江苏理工学院　汽车与交通工程学院　院长/教授）

成　员：（排名不分先后）

许广举（常熟理工学院　汽车工程学院　副院长/副教授）

陈　浩（上海工程技术大学　汽车工程学院　副院长/副教授）

胡　林（长沙理工大学　汽车与机械工程学院　副院长/副教授）

甘树坤（吉林化工学院　汽车工程学院　副院长/副教授）

伏　军（邵阳学院　机械与能源工程学院　副院长/教授）

侯锁军（河南工学院　汽车工程系　副主任/副教授）

赵景波（江苏理工学院　汽车与交通工程学院　副院长/副教授）

胡朝斌（常熟理工学院　机械工程学院　副院长/副教授）

前　言

　　内燃机是目前人类所能掌握的热效率最高、应用最广泛的动力机械，内燃机以优良的动力性、经济性、环保性和可靠性，满足了各种配套机械的需要，对各种配套主机的市场发展具有重大影响。目前，内燃机工业仍是我国重要的基础产业，对服务和支撑我国经济转型升级意义重大，其产业链长、关联度高、就业面广、消费拉动大。

　　随着科学技术的发展，现代内燃机融合了电子、信息、环境催化、石油化工、新型材料和精密制造等诸多高新技术，发展成为一种融合多学科技术的高新技术产品。在未来相当长的一段时间，内燃机仍将是全球装备制造业投资的重点，也是实现国家节能减排目标最具潜力、效果最为直观的动力产品。

　　当前，国家推动创新驱动发展，实施"一带一路""中国制造2025""互联网十"等重大战略，以新技术、新业态、新模式、新产业为代表的新经济蓬勃发展，对汽车工程科技人才提出了更高要求，迫切需要加快汽车工程教育改革创新。在此背景下，遵循国际工程教育专业认证的要求，编者及编写团队紧扣汽车工程应用型专业技术人才的培养目标，吸收国内外内燃机学术界和工业界的最新理论与技术成果，并根据多年来在本领域课程教学、科学研究、技术服务过程中的经验和体会，梳理汽车动力与传动领域的核心知识点、知识群，以学生为中心，以学习成果为导向，持续改进和更新内容，形成了本书的应用型特色，期望为动力机械及工程、车辆工程、汽车服务工程等专业的本科生及研究生提供一本理论体系较为完整的汽车动力与传动领域的专业教材。

　　在本书编写过程中，编者还参考了大量的国内外文献资料，在此，向所参考文献的作者致以诚挚的谢意。

　　由于本书涉及面较广，涉及的研究方法、方案、理论等日新月异，加之编者水平有限，书中难免存在不妥之处，敬请读者批评指正。

编　者

2017 年 9 月

目　录

第一章　内燃机工作循环与工作指标

【学习目标】

通过本章的学习,学生应了解内燃机的工作循环过程,掌握内燃机的主要工作性能指标,掌握示功图的测量方法和计算过程,掌握内燃机机械损失和机械效率的测定方法,了解内燃机能量利用情况,较为深入地掌握提升内燃机热效率的技术方法。

【导入案例】

2017 年 8 月,日本马自达汽车公司公布了未来动力总成发展规划,并宣布全新一代创驰蓝天发动机将会在 2019 年量产。这台发动机最大的亮点是使用了类似柴油机的压燃技术,可以说是又一次和主流技术背道而驰。下面就来解读一下这台面向未来的压燃汽油机。

问题 1:为什么柴油机皮实耐用、省油、低速动力更好甚至碳排放更低,但在乘用车领域的市场份额大大落后于汽油机?没错,柴油机更省油、排放更低,这正是马自达新一代发动机采用均质充量压燃(Homogeneous Charge Compression Ignition,HCCI)技术想要达到的效果。但是,为什么不直接用柴油机呢?

回答 1:因为柴油机噪声大、振动大,冷启动相对困难,高转速下动力表现差,这不仅是柴油机的缺点,其实也是压燃技术的缺点,而这些是马自达想尽力避免的。

问题 2:为什么汽油很难压燃?

回答 2:柴油自燃点低,可以被压缩产生的热量点燃,能够采用稀薄燃烧技术,即采用空气和燃油质量比远超过 14.7(黄金空燃比)的空气去和柴油雾化混合,充分释放每一克燃料的能量。但汽油不行,如果想要压燃,需要更高的压缩比,但压缩比越高,越容易产生爆燃,必须借助外力点燃(火花塞)。

由以上分析可知,压燃汽油机技术需要重点解决两个问题:

(1)如何把汽油压燃?

(2)如何避免压燃产生的振动大、高转速下动力表现差等问题。

马自达创驰蓝天技术的关键点在于以下方面。

关键点一:均质燃烧。

HCCI 技术的关键点就在于"均质",即希望内燃机在做功冲程时缸内各处的油气混合物浓度一致,从而在提高压缩比(保证汽油能被压燃)的同时避免爆燃。爆燃产生的原因是在做功冲程开始后,正常情况下火焰应该从起爆点开始一直向外蔓延,自上而下依次点燃燃料,以达到最高的效率。但实际燃烧过程中,缸内某些靠近缸壁或活塞的位置由于混合气浓度过高或压力不均等原因,有可能先自燃了,进而导致混合气爆炸产生的冲击波和按正常顺序燃烧产生的力量较劲(做负功),此时就会产生爆燃,导致发动机抖动、动力下降、油耗增加等问题。

也就是说,即便压燃汽油需要使用更高的压缩比,如果能让缸内各处的混合气浓度一致，也能在很大程度上减少异常燃烧，从而避免爆燃。从已知的信息看，马自达将会在新一代创驰蓝天发动机上采用更高压力的燃油泵和高压喷油嘴，通过更大的压力使汽油雾化更充分，加速和空气的混合，力求实现让缸内混合气浓度均匀的目标。

关键点二：更多的空气供给。

想要达到稀薄燃烧就需要更多的空气，在新一代的创驰蓝天发动机上，马自达将会使用高速响应的空气供给单元。如图1-1所示，发动机端很可能采用电动增压装置，配合对节气门阻力的优化，以达到充足的进气量以及更好的加速响应。

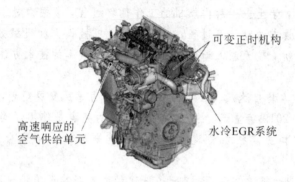

图1-1　创驰蓝天发动机结构

关键点三：并不是没有火花塞。

在新一代创驰蓝天发动机中，马自达提出了火花控制压燃（Spark Controlled Compression Ignition，SPCCI）技术，如图1-2所示。通过对可变气门正时、喷油系统和点火系统等采用综合电控策略，实现了火花塞点火与压燃点火之间的无缝切换。在部分工况下，可以采用HCCI技术，而在冷启动和高转速等不适合采用压燃的工况下限制压缩比，转而采用传统火花塞点燃（Spark Ignition，SI）的模式。发动机在不同工况下选择最优工作模式，在保证动力的同时，可最大程度减少油耗和排放。

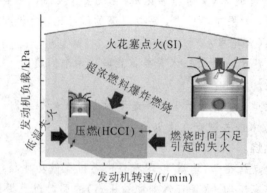

图1-2　创驰蓝天发动机的燃烧模式

第1节　理论循环和实际循环

内燃机的工作循环是周期性地将燃料燃烧产生的热能转变为机械能，由活塞往复运动形成的进气、压缩、膨胀和排气等多个有序联系、重复进行的过程组成。内燃机排气过程排出燃烧废气，进气过程吸入新鲜空气、空气/燃料混合气，通过活塞压缩行程，将混合气的温度压力提升，并以点燃、压燃的方式释放燃料热能，燃烧过程中，缸内工质温度压力进一步提升，活塞通过上止点后的膨胀行程对外做功，将热能转变为机械能。

一、理论循环

1. 理论假设

根据内燃机使用的燃料、混合气形成方式以及缸内燃烧过程等特点，通常将点燃式内燃机(汽油机)的工作循环简化为等容加热循环，把压燃式内燃机(柴油机)的工作循环简化为等压加热循环，统称内燃机理论循环。为建立内燃机理论循环模型，需对实际循环中存在的湍流耗散、温度压力、成分不均匀，以及摩擦、传热、燃烧、节流和工质泄露等一系列不可逆损失进行必要简化和假设，主要有：

（1）忽略内燃机进排气过程，将实际开口循环简化为闭口循环。

（2）将燃烧过程简化为等容、等压或混合加热过程，将排气过程简化为等容放热过程。

（3）将压缩和膨胀过程简化为理想的绝热等熵可逆过程，忽略工质与外界的热量交换及泄露等影响。

（4）以空气作为介质，并视为理想气体，循环过程中工质的理化性质保持不变，比热容为常数。

上述简化和假设的目的在于：

（1）采用简化公式阐明内燃机工作过程中各基本热力参数间的理论关系，明确通过改善理论循环热效率来提高经济性，以及改善循环平均压力来提高动力性的技术途径。

（2）明确内燃机循环热效率的理论极限，以判断实际内燃机工作过程的经济性、循环完善程度和改进潜力。

2. 内燃机理论循环的三种基本形式

根据不同的假设和研究目的，可以形成不同的理论循环，图 1-3 为四冲程内燃机的理想气体循环 p-V 示功图。

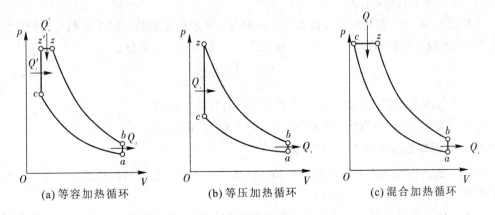

(a) 等容加热循环　　　(b) 等压加热循环　　　(c) 混合加热循环

图 1-3　四冲程内燃机典型的理论循环

内燃机理论循环热效率和循环平均压力的表达式及特点如表 1-1 所示。等容加热循环的加热过程在等容条件下完成，热效率仅与压缩比有关；等压加热循环的加热过程在等压条件下完成，负荷的增加使循环热效率下降；混合加热循环的加热过程在等容和等压条件下完成，热效率介于上述两者之间。

表 1-1　内燃机理论循环的比较

循环名称 ＼ 特性	循环热效率	循环平均压力
等容加热循环	$\eta_t = 1 - \dfrac{1}{\varepsilon_c^{k-1}}$	$p_t = \dfrac{\varepsilon_c^k}{\varepsilon_c - 1} \cdot \dfrac{p_{de}}{k-1}(\lambda_p - 1)\eta_t$
等压加热循环	$\eta_t = 1 - \dfrac{1}{\varepsilon_c^{k-1}} \cdot \dfrac{\rho_0^k - 1}{k(\rho_0 - 1)}$	$p_t = \dfrac{\varepsilon_c^k}{\varepsilon_c - 1} \cdot \dfrac{p_{de}}{k-1} k\lambda_p(\rho_0 - 1)\eta_t$
混合加热循环	$\eta_t = 1 - \dfrac{1}{\varepsilon_c^{k-1}} \cdot \dfrac{\lambda_p \rho_0^k - 1}{(\lambda_p - 1) + k\lambda_p(\rho_0 - 1)}$	$p_t = \dfrac{\varepsilon_c^k}{\varepsilon_c - 1} \cdot \dfrac{p_{de}}{k-1}[(\lambda_p - 1) + k\lambda_p(\rho_0 - 1)]\eta_t$

通过分析内燃机三种理论循环的热效率和平均压力表达式，可以发现：

（1）三种理论循环的热效率均与压缩比相关，提高压缩比能够提高循环热效率，提高工质的最高燃烧温度，扩大循环的温度梯度。

（2）提高压力升高率可以增加混合加热循环中等容部分的加热量，循环的最高温度和压力增加，燃料热量利用率改善。

（3）增加燃烧初期膨胀比，等压部分加热量增加，将导致混合加热循环热效率的降低。

（4）提高循环热效率，增加循环始点的进气压力，降低进气温度，增加循环供油量，均有利于循环平均压力的提高。

表 1-1 中各参数值的含义如下：

循环热效率 η_t 是指工质循环功 $W(\mathrm{J})$ 与循环加热量的比值，用于评定循环经济性，其表达式为

$$\eta_t = \frac{W}{Q_1} = \frac{Q_1 - Q_2}{Q_1} \qquad (1-1)$$

式中，η_t 为循环热效率，W 是工质循环功，Q_1 是循环加热量，Q_2 是工质循环放热量。

随着等熵指数 k 的增大，循环热效率 η_t 将提高。k 值取决于工质性质，双原子气体 $k=1.4$，多原子气体 $k=1.33$。

压缩比 ε_c 表示内燃机混合气体被压缩的程度，采用压缩前的气缸总容积与压缩后的气缸容积（即燃烧室容积）之比来表示，压缩比在一定范围内越大越好。

$$\varepsilon_c = \frac{V_a}{V_c} = \frac{V_s + V_c}{V_c} \qquad (1-2)$$

式中，V_a 为气缸总容积，V_c 为气缸压缩容积，V_s 为气缸工作容积。

ρ_0 为初始膨胀比，λ_p 为压力升高比，p_{de} 为进气络点的压力。

3. 理论循环指导实际工作的限制

理论上提高内燃机理论循环热效率和平均压力的措施会受到内燃机实际工作条件的约束和限制，主要体现在以下几方面：

（1）结构强度的限制。从理论循环的分析可知，提高压缩比和压力升高比对提高循环热效率有利，但这将导致最高循环压力的急剧升高，对承载零件的强度要求更高，势必缩

短内燃机的使用寿命，降低内燃机使用可靠性，造成内燃机体积与制造成本的增加。实际设计时，对上述参数的选择必须根据具体情况权衡利弊而定。

（2）机械效率的限制。内燃机的机械效率与气缸最高循环压力密切相关，高循环压力值决定了曲柄连杆的质量、惯性力以及主要承压面积等参数。不加限制地提高压缩比以及压力升高比，将引起机械效率下降。

（3）燃烧效率的限制。压缩比定得过高，汽油机将会产生爆燃、表面点火等不正常燃烧现象。对于柴油机而言，过高的压缩比将使压缩终了的气缸容积变小，对制造工艺的要求极为苛刻，燃烧室设计难度增加，也不利于燃烧过程的高效进行。

（4）排放指标的限制。循环供油量的增加取决于实际进入气缸的空气量，否则将导致燃烧不完全，出现冒烟、热效率下降、排放增加等现象，同时引起内燃机振动、噪声指标恶化。

二、实际循环

1. 内燃机实际循环和理论循环的差异

与内燃机理论循环相比，内燃机的实际循环存在诸多不可逆损失，难以达到理论循环的热效率和循环平均压力。实际循环和理论循环的差异主要体现在以下几方面：

（1）工质影响。理论循环的工质是理想双原子气体，其理化性质在整个循环过程中是不变的。内燃机实际工作循环中，燃烧前的工质由新鲜空气、燃料蒸气和残余废气等组成，燃烧过程中工质成分不断变化，工质比热容增大，燃烧产物还存在高温分解和复合放热现象。上述因素中，比热容的影响最大，对于相同加热量，实际工作循环所能达到的最高燃烧温度和气缸压力均小于理论循环，工作循环的有用功减少，使得热效率降低。从内燃机示功图来看，比热容随温度的升高而增大，燃烧过程膨胀线低于理论循环的燃烧膨胀线。

（2）传热损失。内燃机实际循环中，缸内壁面、活塞顶面及气缸底面与缸内工质直接接触的表面始终与工质发生热量交换，压缩行程初期，壁面温度高于工质温度，工质被加热，随着压缩过程的进行，工质温度在压缩后期将超过壁面温度，热量由工质流向壁面，特别在燃烧膨胀期，传热损失会造成循环热效率和循环指示功下降。

（3）换气损失。内燃机理论循环未考虑换气过程中气体流动的阻力损失，实际循环中，内燃机进、排气过程中存在膨胀损失、活塞推出功损失和吸气功损失。由于排气门早开迟闭，造成了示功图有用功面积减小。此外，进气节流造成的压力损失，也会影响到循环平均压力。

（4）燃烧损失。理论循环模型中，燃烧是外界热源向工质在等容和等压条件下的加热过程。在等容条件下，热源向工质的加热速度极快，可以在活塞上止点瞬间完成；在等压条件下，加热速度与活塞运动速度相配合，以保证缸内压力不变。内燃机（柴油机）实际循环要经历着火准备、预混燃烧、扩散燃烧、后燃等阶段，火焰传播速度受到多种因素影响，特别是燃烧速度有限、不完全燃烧等因素，导致实际循环与理论循环有较大的差异。

2. 内燃机实际循环工作过程

内燃机的工作过程是实际循环不断重复进行的过程，实际循环由进气、压缩、燃烧、膨胀和排气五个过程组成。图 1-4 为四冲程内燃机的实际循环。

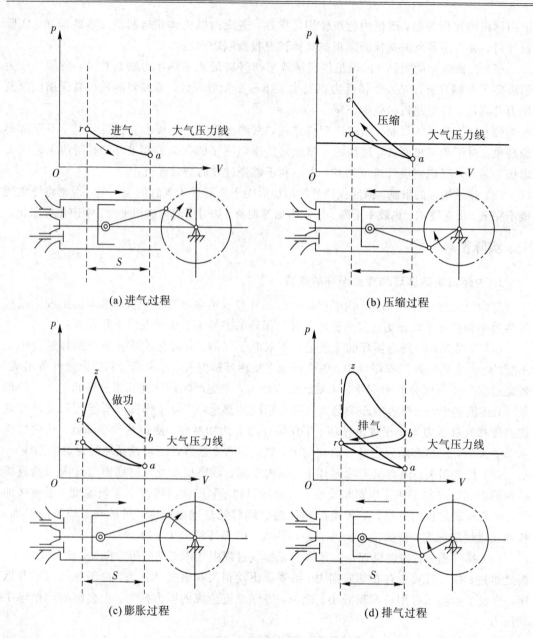

(a) 进气过程　　　　　　　　(b) 压缩过程

(c) 膨胀过程　　　　　　　　(d) 排气过程

图 1-4　四冲程内燃机的实际循环

1) 进气过程

进气过程为图 1-4(a) 中的 r-a 曲线。进气过程中内燃机连续运转，必须不断吸入新鲜工质，进气门开启，排气门关闭，活塞由上止点向下止点移动，上一循环的残余废气膨胀，压力由排气终了的压力下降到小于大气压力，新鲜工质进入气缸。由于进气阻力，进气终了压力一般小于环境压力，在内燃机高温零件和残余废气的作用下，进气终了温度高于大气温度。

2) 压缩过程

压缩过程为图 1-4(b)中的 $a-c$ 曲线。压缩过程中进、排气门均关闭，活塞由下止点向上止点移动，缸内工质受到压缩，温度压力不断上升，工质受压缩的程度用压缩比表示。压缩过程的作用是增大做功过程的温差，获得最大限度的膨胀比，提高热功转换效率，同时为燃烧过程创造有利条件。实际循环中，压缩过程是复杂的多变过程，缸内温度压力不断发生变化，多变指数也随之变化，实际循环的近似计算，常用不变的、平均的多变指数代替，一般来讲，汽油机的多变指数为 1.32～1.38，高速柴油机的多变指数为 1.38～1.40，增压柴油机的多变指数为 1.35～1.37。

3) 燃烧过程

燃烧过程为图 1-4(c)中的 $c-z$ 曲线。燃烧过程中进、排气门均关闭，活塞处于上止点附近。以柴油机为例，在上止点前开始喷油，燃油与空气迅速混合，并在缸内压缩高温气体作用下自燃。燃烧初期，气缸容积变化较小，工质的温度、压力剧增，接近于等容。之后，燃烧速度下降，活塞向下止点移动，气缸容积增大，气缸压力基本不变，温度持续上升，接近于等压过程。

一般来说，汽油机的最高燃烧压力为 3.0～8.0 Mpa，最高燃烧温度为 2200～2800 K，柴油机的最高燃烧压力为 4.5～14.0 MPa，最高燃烧温度为 1800～2200 K。

4) 膨胀过程

膨胀过程为图 1-4(d)中的 $z-b$ 曲线。膨胀过程中内燃机的进、排气门均关闭，高温高压工质推动活塞由上止点向下止点膨胀做功，气体的压力、温度随即迅速下降。膨胀过程也存在热交换损失、漏气损失和补燃现象，故膨胀过程也是多变过程。按照工程经验，膨胀过程的多变指数，汽油机一般为 1.23～1.28，柴油机一般为 1.15～1.28。膨胀过程终了的工质温度压力，汽油机一般为 1200～1500 K，0.3～0.6 MPa，柴油机一般为 800～1200 K，0.25～0.5 MPa。

5) 排气过程

排气过程为图 1-4(d)中的 $b-r$ 曲线。膨胀过程接近终了时，排气门打开，燃烧废气在自身压力作用下自由排气，膨胀过程结束，活塞由下止点向上止点移动，将缸内废气排出。由于排气阻力，排气终了的压力高于环境压力，压力差用于克服排气系统阻力，排气阻力越大，排气终了的压力越大，缸内的参与废气量就越多。排气温度是反映内燃机工作过程的重要参数，排气温度低，说明燃料燃烧转变为有用功的热量多，热效率高。一般来说，汽油机排气终了的压力为 0.105～0.125 MPa，排气终了温度为 900～1100 K；柴油机排气终了的压力为 0.103～0.108 MPa，排气终了温度为 700～900 K。

三、理论循环与实际循环的比较

由于实际工质的影响，以及换气损失、燃烧损失、传热损失、缸内气体流动损失等因素的影响，内燃机实际循环的热效率低于理论循环。其比较如表 1-2 及图 1-5 所示。

表 1-2 内燃机实际循环与理论循环的比较

对比项目	指　标	汽油机	柴油机
热效率	理论循环热效率	$0.54 \sim 0.58$	$0.64 \sim 0.67$
	指示循环热效率	$0.30 \sim 0.40$	$0.40 \sim 0.45$
热效率下降的影响因素	工质比热容的变化	$0.10 \sim 0.12$	$0.09 \sim 0.10$
	传热损失	$0.03 \sim 0.05$	$0.04 \sim 0.01$
	不完全燃烧及热分解	$0.08 \sim 0.10$	$0.06 \sim 0.09$
	排气提前	0.01	0.01

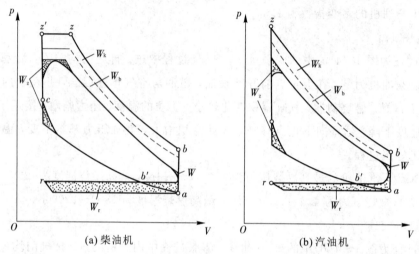

图 1-5 内燃机实际循环与理论循环的比较

第 2 节 示 功 图

内燃机燃料燃烧产生的热量通过气缸内的实际工作循环转化成机械功，即气缸内工质的燃烧压力作用在活塞顶上，通过曲柄连杆机构，克服内燃机内部各项损耗，对外做功。

内燃机气缸内实际进行的工作循环非常复杂，为获得正确反映气缸内部实际状态的试验数据，通过采集气缸内工质的压力随曲轴转角的变化情况，并通过热力学计算，得到内燃机的热力学过程，气缸内的压力-容积（$p-V$）图和压力-曲轴转角（$p-\varphi$）图可以相互转换。图 1-6 为四冲程内燃机实际循环的 $p-\varphi$ 图。

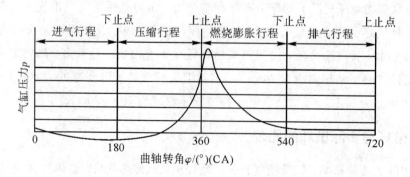

图 1-6 四冲程内燃机实际循环的 $p-\varphi$ 图

通过示功图可以观察内燃机工作循环的不同阶段（压缩、燃烧、膨胀），以及进气、排气行程的压力变化，通过数据处理，运用热力学知识，可以进一步对内燃机工作过程和燃烧完善程度进行判断。示功图是研究内燃机工作过程的重要依据。图1-7为内燃机示功图测量系统框图，示功图测量系统由硬件和软件构成，测量系统主要由传感器、信号调理电路、单片机系统和上位机数据处理模块组成。

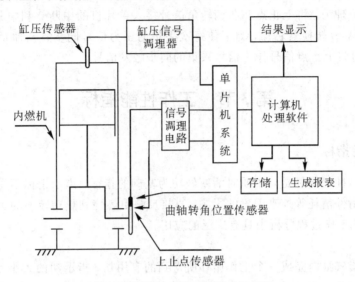

图1-7 内燃机示功图测量系统框图

图1-8为内燃机缸压测量传感器安装布置示意图。

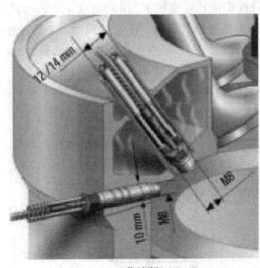

(a)柴油机

(b)汽油机

图1-8 内燃机缸压测量传感器安装

内燃机示功图测量系统各模块及其主要功能如下：

（1）信号调理电路：主要对内燃机上止点、曲轴转角信号进行相应处理，增强系统对不同类型的上止点和曲柄转角传感器（磁电式或光电式）的适用能力，提高系统的抗干扰能力和稳定性，并与单片机系统进行可靠接口。

（2）单片机系统：是示功图测量系统的核心。它与信号调理电路的输出信号进行接口，并提供人机交互界面，完成柴油机缸内压力模拟信号的数据采集，并与上位机处理模块进行通信，将采集到的数据传送到上位机。

（3）上位机数据处理软件：接收、存储单片机模块发送的气缸压力数据，并对数据进行处理，完成示功图的绘制和计算相关参数，进行结果显示等。

系统测量原理为：将上止点和曲柄转角信号接入单片机的中断 0 和中断 1 引脚，气缸压力信号接入 A/D 转换器芯片，为了使每次采集的压力信号同步且与曲柄转角信号成一一对应关系，可将上止点信号作为信号采集的同步触发信号。

第 3 节 工作性能指标

一、指示性能指标

内燃机指示性能指标是以工质对活塞做功为基础的指标，指示指标不受动力输出过程中机械摩擦和附件消耗等外来因素的影响，直接反映由燃烧到热功转换的工作循环进行的好坏，在内燃机工作过程分析中具有广泛的应用。

1）指示功

指示功是指气缸内完成一个工作循环所得到的有用功，指示功的大小可以由 p-V 图中封闭曲线所占的面积求得。图 1-9 为四冲程增压和非增压柴油机的示功图。

对于非增压柴油机（图 1-9(a)），其指示功面积由相当于压缩、燃烧、膨胀行程中所得到的有用功面积 F_1 和相当于进气、排气行程中消耗功面积 F_2 相减而成，即 $F_i = F_1 - F_2$。对于增压柴油机（图 1-9(b)），由于进气压力高于排气压力，换气过程中，工质对外做功，指示功为换气功面积 F_2 与 F_1 相加而成，即 $F_i = F_1 + F_2$。指示功反映了内燃机气缸在一个工作循环获得的有用功数量，除了与工作循环热功转换效率有关，还与气缸容积大小有关。为了更加清楚地对不同工作容积内燃机的热功转换有效程度做比较，通常采用平均有效压力作为评价依据。

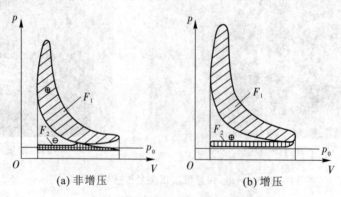

(a) 非增压   (b) 增压

图 1-9 四冲程增压和非增压柴油机的示功图

2）平均指示压力

平均指示压力是指单位气缸容积一个循环所做的指示功。

$$p_{mi} = \frac{W_i}{V_s} \tag{1-3}$$

$$W_i = p_{mi} V_s = p_{mi} \frac{\pi D^2 S}{4} \tag{1-4}$$

式中，W_i 是内燃机一个工作循环的指示功（J），V_s 是气缸工作容积（m^3），D 和 S 分别为气缸直径和活塞行程。

若 V_s 用 L 为单位，W_i 用 kJ 为单位，则 p_{mi} 的单位为 MPa。

平均指示压力也可以假想为平均不变的压力，以这个压力作用在活塞顶上，使活塞移动行程 S 所做的功，如图 1-10 所示。

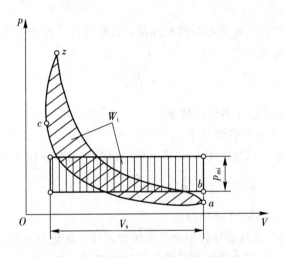

图 1-10　指示功与平均有效压力

平均指示压力是从实际循环的角度评价发动机气缸工作容积利用率高低的参数，p_{mi} 越高，同气缸容积可以发出更大的指示功，气缸工作容积的利用率越佳。平均指示压力是衡量内燃机实际循环动力性能的重要指标。表 1-3 为常用内燃机标定工况下的平均指示压力。

表 1-3　常用内燃机标定工况下的平均指示压力

序号	内燃机类型	p_{mi}/MPa
1	四冲程非增压柴油机	0.60～0.95
2	四冲程增压柴油机	0.85～2.60
3	二冲程柴油机	0.35～1.30
4	四冲程摩托车用汽油机	0.90～1.43
5	四冲程小客车用汽油机	0.65～1.25
6	四冲程载货车用汽油机	0.60～0.85
7	二冲程小型风冷汽油机	0.40～0.85

3）指示功率

指示功率是内燃机单位时间所做的指示功。一台内燃机的缸数为 i，每缸的工作容积为 V_s(L)，平均指示压力为 p_{mi}(MPa)，转速为 n(r/min)，冲程数为 τ，则指示功率为

$$P_i = \frac{p_{mi}V_s in}{30\tau} \tag{1-5}$$

指示热效率是内燃机实际工作循环指示功与所消耗的燃料热值的比值，即

$$\eta_{it} = \frac{W_i}{Q} \tag{1-6}$$

式中，Q 为得到指示功 W_i 所消耗的热量(J)。

4）指示燃料消耗率

指示燃料消耗率是指单位指示功的耗油量，通常以每千瓦小时的耗油量表示，单位为 g/(kW·h)。其表达式为

$$b_i = \frac{B}{P_i}10^3 \tag{1-7}$$

式中，B 为每小时耗油量，P_i 为指示功率。

5）指示热效率和指示燃料消耗率

内燃机实际循环的指示热效率 η_{it} 和指示燃油消耗率 b_i 存在以下关系：

$$\eta_{it} = \frac{3.6 \times 10^6}{H_u b_i} \tag{1-8}$$

其中 H_u 为所用燃料的低热值(kJ/kg)。

表 1-4 为常用内燃机指示热效率和指示燃油消耗率的统计范围。

表 1-4　常用内燃机指示热效率和指示燃油消耗率的统计范围

序号	内燃机类型	指示热效率 η_{it}	指示燃料消耗率 b_i
1	四冲程柴油机	0.41~0.50	170~210
2	二冲程柴油机	0.40~0.50	170~215
3	四冲程汽油机	0.25~0.40	215~340
4	二冲程汽油机	0.20~0.28	300~430

二、有效性能指标

以曲轴输出功为计算基准的指标称为有效性能指标，有效性能指标直接用于评价内燃机实际工作性能，在生产实际中有着广泛应用。

1）循环有效功

循环有效功可以由示功图直接求出，每循环曲轴输出的单缸功量 W_e 是循环功的有效指标，称为循环有效功。

$$W_e = W_i - W_m \tag{1-9}$$

式中，W_i 为循环净指示功，W_m 为循环实际机械损失功。

　　理论上，由净指示功变为输出有效功，应扣除内燃机运动件的摩擦损失，驱动风扇、机油泵、燃油泵、发电机等附件消耗的运转功，以及泵气损失功，上述消耗功的总和为机械损失功率。

$$P_e = P_i - P_m \qquad (1-10)$$

式中，P_i 为指示功率，P_m 为实际机械损失功率。

　　2）有效转矩

　　有效转矩 T_{tq} 是指内燃机功率输出轴输出的转矩；有效功率 P_e 是通过测定内燃机的曲轴输出转矩 T_{tq} 和转速，按照以下公式计算而来：

$$P_e = T_{tq}\frac{2\pi n}{60} \times 10^{-3} = \frac{nT_{tq}}{9550} \qquad (1-11)$$

　　3）平均有效压力

　　平均有效压力 p_{me} 是内燃机单位气缸工作容积输出的有效功，与平均指示压力相似。平均有效压力是一个假想的、平均不变的压力作用在活塞顶上，使活塞移动一个行程所做的功，等于每循环所做的有效功。平均有效压力是衡量内燃机动力性能的重要指标，反映了内燃机输出转矩的大小。表 1-5 为典型内燃机的平均有效压力值。

表 1-5　典型内燃机的平均有效压力值

序号	内燃机类型	p_{me}/MPa
1	农用柴油机	0.60～0.80
2	车用柴油机	0.65～1.00
3	强化高速柴油机	1.00～2.90
4	船用中速柴油机	0.60～2.50
5	四冲程摩托车用汽油机	0.78～1.20
6	四冲程小客车用汽油机	0.65～1.20
7	四冲程载货车用汽油机	0.60～0.70
8	二冲程小型风冷汽油机	0.40～0.65

　　4）有效热效率和有效燃油消耗率

　　衡量内燃机经济性能的重要指标是有效热效率 η_{et} 和有效燃油消耗率 b_e。

　　有效热效率是实际循环的有效功与所消耗的热量的比值：

$$\eta_{et} = \frac{W_e}{Q} \qquad (1-12)$$

　　有效燃油消耗率 b_e 是单位有效功的耗油量（简称耗油率），通常以每千瓦小时的耗油量表示：

$$b_e = \frac{B}{P_e} \times 10^3 \qquad (1-13)$$

$$b_e = \frac{3.6 \times 10^6}{\eta_{et}H_u} \qquad (1-14)$$

式中，B 为每小时耗油量（kg/h），P_e 为有效功率（kW）。

一般来说,内燃机有效燃油消耗率与有效热效率成反比。表1-6为常用内燃机的有效热效率和有效燃油消耗率的统计范围。

表1-6 常用内燃机有效热效率和有效燃油消耗率的统计范围

序号	内燃机类型	有效热效率 η_{et}	有效燃料消耗率 b_e
1	低速柴油机	0.38~0.46	190~225
2	中速柴油机	0.36~0.43	200~240
3	高速柴油机	0.30~0.40	215~285
4	二冲程汽油机	0.15~0.20	400~550
5	四冲程汽油机	0.25~0.30	280~340

5)升功率

升功率 P_L(kW/L)是发动机每升工作容积所发出的有效功率,即

$$P_L = \frac{P_e}{V_s i} = \frac{p_{me} V_s i n}{30 \tau V_s i} = \frac{p_{me} n}{30 \tau} \qquad (1-15)$$

升功率是从有效功率的角度,对内燃机气缸工作容积的利用率进行总的评价。升功率越高,内燃机的强化程度越高,发出一定有效功率的内燃机尺寸越小。不断提高平均有效压力和转速,可以获得更强化、更轻巧、更紧凑的内燃机,因此,升功率是评定整机动力性能和强化程度的重要指标。

6)比质量

比质量 m_e(kg/kW)是发动机的干质量 m 与所给出的标定功率之比。它表征质量利用程度和结构紧凑性。

$$m_e = \frac{m}{P_e} \qquad (1-16)$$

表1-7为常用内燃机升功率和比质量范围。

表1-7 常用内燃机升功率和比质量范围

序号	发动机的类型	升功率(kW/L)	比质量(kg/kW)
1	汽油机	30~70	1.1~4.0
2	车用柴油机	18~30	2.5~9.0
3	拖拉机柴油机	9~15	5.5~16

7)强化系数

强化系数 $p_{me} C_m$ 是平均有效压力和活塞平均速度的乘积,与活塞单位面积的功率成正比,其值愈大,发动机的热负荷和机械负荷愈高。表1-8为常用内燃机的强化系数范围。

表 1-8　常用内燃机的强化系数范围

序号	发动机的类型	强化系数（MPa·m/s）
1	汽油机	8～17
2	小型高速柴油机	6～11
3	重型汽车柴油机	9～15

第4节　机械损失与机械效率

1. 机械损失与机械效率的概念

内燃机的机械损失消耗了部分指示功率，导致对外输出的有效功率减小，在致力于提高内燃机性能指标的同时，应尽可能减少机械损失，提高机械效率。

内燃机的机械损失主要体现在以下几个方面：

（1）活塞与活塞环的摩擦损失。这部分损失是内燃机摩擦损失的主要部分，由于活塞环滑动面积大、相对速度高、润滑不充分等原因，使该部分摩擦与活塞长度、活塞间隙及活塞环数目等结构因素有关，此外，摩擦损失随气缸压力、活塞速度及润滑油黏度的升高而增加。

（2）轴承与气门机构的摩擦损失。这部分损失包括主轴承、连杆轴承和凸轮轴轴承等的摩擦损失。由于润滑充分，纯液力摩擦系数较低，摩擦损失不大，但随着轴承直径的增大和转速的提高，轴颈圆周速度增大，运动件惯性增加，由此引起的摩擦损失增加。标定工况下气门驱动机构产生的摩擦损失较小，但在低速、低负荷工况时摩擦损失较大。

（3）驱动附属机构的功率消耗。附属机构是指为保证内燃机正常工作所必不可少的部件或总成，如冷却水泵、机油泵、喷油泵、调速器等，也包括非必要部件，如发电机、空气压缩机、真空助力泵等。附属机构消耗的功率随内燃机转速和润滑油黏度的增加而增大，但与气缸压力无关，仅占机械损失的一小部分。

（4）风阻损失。活塞、连杆、曲轴等零件在曲轴箱内高速运转时，为克服燃油喷雾、空气阻力及曲轴箱通风等消耗的一部分功称为风阻损失，其占比很小。

表 1-9 为常见零部件机械损失的占比情况，图 1-11 为常见零部件平均机械损失压力测定情况。

表 1-9　常见零部件机械损失的占比情况

机械损失名称	占 P_m 的百分比/%	占 P_i 的百分比/%
摩擦损失	62～75	
其中：活塞及活塞环	45～60	8～20
连杆、曲轴轴承	15～20	
配气机构	2～3	

机械损失名称	占 P_m 的百分比/%	占 P_i 的百分比/%
驱动各种附件损失	10~20	
其中：水泵	2~3	
风扇	6~8	1~5
机油泵	1~2	
电器设备	1~2	
带动机械增压器损失	6~10	

机械效率 η_m 是有效功率和指示功率的比值，即

$$\eta_m = \frac{P_e}{P_i} = \frac{p_{me}}{p_{mi}} = 1 - \frac{P_m}{P_i} = 1 - \frac{p_{mm}}{p_{mi}} \tag{1-17}$$

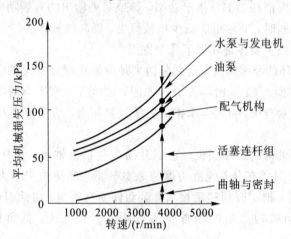

图 1-11 常见零部件平均机械损失压力测定情况

2. 机械损失的测定方法

1) 示功图法

示功图法是运用燃烧分析仪测量内燃机某工况点（转速 n，扭矩 T_{tq}）下的示功图，测算循环指示功 W_i，计算有效功率 P_e、循环有效功 W_e、机械损失功 W_m 和机械效率 η_m。该方法是在内燃机真实工作情况下进行的，测定结果的准确性取决于示功图的正确程度，采用该方法时，需要准确标定上止点（TDC）位置。图 1-12 为上止点位置对机械损失测定准确性的影响。

如果上止点靠前，按照式（1-18）推导，则测得的循环指示功 W_i 偏高，机械效率偏低；如果上止点靠后，按照式（1-19）推导，则测得的循环指示功 W_i 偏低，机械效率偏高。

$$W_i = W_w - W_c = (W_2 + \Delta W_2 - \Delta W_3) - (W_1 + \Delta W_1 - \Delta W_2)$$
$$= (W_2 - W_1) + (\Delta W_2 - \Delta W_3) + (\Delta W_2 - \Delta W_1) \tag{1-18}$$
$$\Delta W_2 > \Delta W_3 \qquad \Delta W_2 > \Delta W_1$$

$$W_i = W_w - W_c = (W_2 - \Delta W_2 + \Delta W_3) - (W_1 - \Delta W_1 + \Delta W_2)$$
$$= (W_2 - W_1) - (\Delta W_2 - \Delta W_3) - (\Delta W_2 - \Delta W_1) \tag{1-19}$$
$$\Delta W_2 > \Delta W_3 \qquad \Delta W_2 > \Delta W_1$$

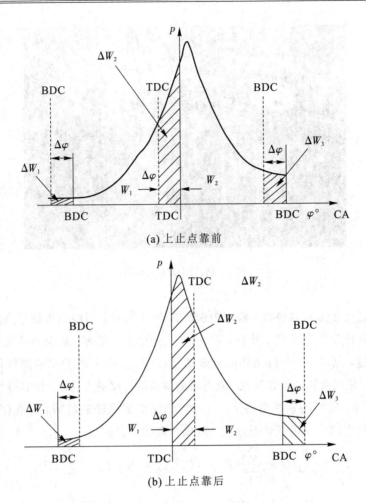

(a) 上止点靠前

(b) 上止点靠后

图 1-12　上止点位置对机械损失测定准确性的影响

2) 倒拖法

倒拖法是运用具有倒拖功能的电力测功机来完成的。试验时，内燃机与电力测功机相连，当内燃机在给定稳定工况运行，冷却水和润滑油温度到达正常数值时，内燃机停油、断火，电力测功机转变为电动机反拖内燃机按同等转速运转，测量测功机的功率损耗即为机械损失压力 p_m。图 1-13 为内燃机倒拖时的 p-V 图，图 1-14 为倒拖测试现场。

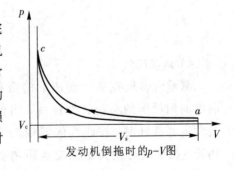

发动机倒拖时的 p-V 图

图 1-13　内燃机倒拖时的 p-V 图

倒拖工况与内燃机实际运行工况有差异，倒拖时消耗的功率超过内燃机的实际机械损失。其原因在于：测量时内燃机无燃烧过程，缸内压力低，活塞环摩擦损失减小；润滑油黏度加大，摩擦损失增大；排气阻力加大（无自由排气），泵气损失增大；压缩、膨胀线不重合，增大机械损失。按照工程经验，低压缩比内燃机的测量误差约为 5%，高压缩比内燃机的测量误差可达 15%~20%，故该方法在测量汽油机机械损失时较为准确。

图 1-14　倒拖测试现场

3）灭缸法

灭缸法仅适用于多缸内燃机。假定内燃机有 N 个气缸，当内燃机调整到给定工况稳定工作后，先测量其有效功率 P_e，然后，停止向某缸供油或点火，减少测功机载荷，使内燃机恢复到原转速，测取 $N-1$ 缸工作的有效功率 $(P_e)_{-i}$，内燃机功率的降低值即为所灭气缸的指示功率，依次灭缸，测试 N 次，就可得到整机的机械损失功率，计算过程如式(1-20)~式(1-22)所示。需要特别指出的是，灭缸法仍属于倒拖法的范畴，存在倒拖法的误差，灭缸过程会影响内燃机的进气动态效应，造成一定的误差。

$$P_i = \sum_1^N P_{ii} = \sum_1^N [P_e - (P_e)_{-i}] = N \cdot P_e - \sum_1^N (P_e)_{-i} \tag{1-20}$$

$$P_m = P_i - P_e = (N-1) \cdot P_e - \sum_1^N (P_e)_{-i} \tag{1-21}$$

$$\eta_m = \frac{P_e}{P_i} = \frac{P_e}{N \cdot P_e - \sum_1^N (P_e)_{-i}} \tag{1-22}$$

4）油耗线法

测量内燃机在某个转速下的负荷特性，绘制燃油消耗率的负荷特性曲线，当低负荷区域线性度非常好时，按线性区域油耗线进行反向拓延，拓延线与负荷轴的交点距离负荷零点的负荷值，即为平均机械损失压力或者机械损失功率。计算过程如式(1-23)所示，图1-15为油耗线法测量平均机械损失压力实例。该方法比较适合中小功率的增压内燃机的机械损失测定。

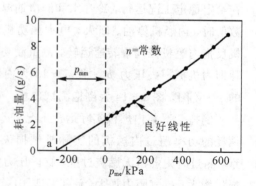

图 1-15　油耗线法测量平均机械损失压力

$$\eta_m = \frac{P_e}{P_e + P_m} = \frac{p_{me}}{p_{me} + p_{mm}} \tag{1-23}$$

第5节　能量分配与合理利用

内燃机热量是由燃料与空气燃烧产生的，热量损失集中在摩擦、辐射、冷却、排气等方面，如图 1-16 所示。图 1-17 为内燃机（柴油机、汽油机）热量损失分布情况。对于柴油机而言，废气带走的热量约为 30％～32％，冷却系统带走的热量为 28％～30％，摩擦和辐射传热带走的热量约占 7％～9％，对外输出的有用功约为 30％～35％。对于汽油机而言，废气带走的热量约为 33％～35％，冷却系统带走的热量为 30％～32％，摩擦和辐射传热带走的热量约占 7％～9％，对外输出的有用功约为 25％～30％。

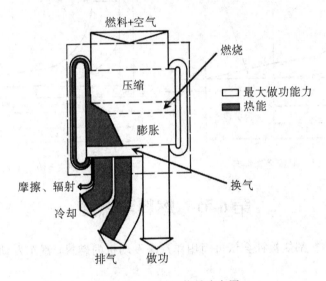

图 1-16　内燃机能量流向图

对于现代内燃机而言，由于受到卡诺循环热效率的限制，内燃机热效率的极限值是 73％，改变内燃机循环模式，混合加热理论循环的热效率极限值是 61％，混合加热理想循环热效率极限值是 53.5％，内燃机真实循环指示热效率极限值是 45％，通过提高机械效率，真实循环有效热效率极限值是 38％。

有助于提升内燃机热效率的循环模式主要有阿特金森循环和米勒循环。

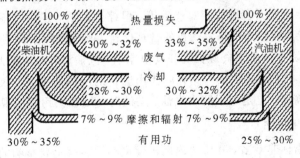

图 1-17　内燃机（柴油机、汽油机）热量损失分布情况

阿特金森循环是英国工程师 James Atkinson（詹姆斯·阿特金森）在奥托循环内燃机的基础上，通过一套复杂的连杆机构，使得内燃机的压缩行程大于膨胀行程。这种设计不仅

改善了发动机的进气效率，也使得发动机的膨胀比高于压缩比，有效地提高了发动机效率，其工作原理如图 1-18 所示。

米勒循环是由美国工程师 R. H. 米勒首次提出的。它通过改变进气门关闭角度控制发动机负荷，减少了部分负荷下发动机的泵气损失，解决了采用节气门负荷控制的奥拓循环时，发动机泵气损失大、经济性差等一系列问题。发动机的膨胀比大于压缩比，在膨胀行程中可最大限度地将热能转化为机械能，达到改善发动机热效率、降低燃油消耗的目的，其工作原理如图 1-19 所示。

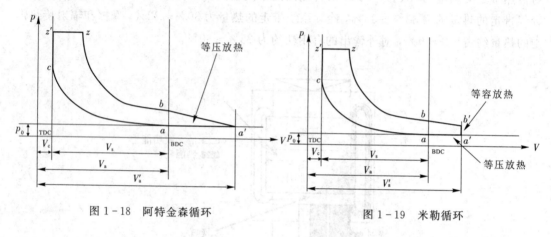

图 1-18　阿特金森循环　　　　　　　　　　图 1-19　米勒循环

第 6 节　燃料与燃烧

并不是所有燃料都能被社会认可而用作汽车发动机的燃料，汽车发动机燃料应综合满足如下要求：

（1）资源丰富，价格适宜，供应充足。

（2）燃料理化性能适应发动机燃烧及车辆行驶的综合性能要求。

（3）通过一定措施能满足有害排放物及噪声的法规要求，燃料本身对人体健康影响小。

（4）能量密度高，每次加装后行驶里程长，储运、使用以及管网设置安全、方便。

（5）燃料供给及燃烧装置不过于昂贵，对发动机寿命及可靠性无不良影响。

到目前为止，汽车发动机绝大多数还是使用石油制品的液体燃料——汽油和柴油。尽管二者有不少缺点，比如有害排放相对严重等，但综合来看，还一时不能为其他燃料大量替代，所以汽油、柴油被称为汽车发动机的常规燃料，其他则叫做代用燃料。"常规"与"代用"是相对的，不排除今后由于资源枯竭和其他原因，汽油、柴油不再大量采用，而其他燃料居于"常规"位置。目前，人们正广泛开展代用燃料的应用研究，不仅是战略上石油资源告罄后技术储备的需要，也是出于解决汽油、柴油对环境较大污染的现实要求。

1. 车用燃料理化特性

燃料的特性和指标非常多，其中对内燃机燃烧和运转有重要影响的理化特性指标有以下几个。

1）自燃性能

具有化学计量比的燃料和空气的可燃混合气，在一定温度、压力及环境条件下自行着火燃烧的能力即自燃性能。这一性能反映了燃料结构的化学稳定性，自燃性能的高低直接影响发动机宜于采用何种着火、燃烧的方式，即采用外源强制点火后火焰传播燃烧，还是喷雾压燃着火后的扩散燃烧。自燃性能与发动机的燃烧噪声、工作平顺性以及是否出现各种异常燃烧现象，如汽油机的燃爆等都直接相关。对于汽油机预制均匀混合气这一类外源点火燃烧的机型，燃料的自燃性能主要影响其抗燃爆的能力。自燃能力过强，有害的爆燃现象易于发生。而对于柴油机这类喷雾压燃的机型，燃料的自燃性能愈好，则其发火性能愈佳，噪声振动愈小。

2）蒸发（挥发）性能

蒸发（挥发）性能是指液体燃料气化的难易程度。这一特性反映了燃料物态的稳定性，燃料是否易于气化，直接影响发动机宜于采用何种混合气形成方式——是缸外预制均匀混合气，还是缸内燃油高压喷雾混合。这一性能也直接影响低温冷启动能力及高温下供油管路是否会出现气阻等不正常现象。

3）燃料与混合气的热值

燃料与混合气的热值指的是燃料及具有化学计量比的可燃混合气的能量密度。显然，燃料热值特别是可燃混合气的热值愈高，内燃机发出的功率就愈大。

4）安全与环保性能

安全与环保性能指燃料与人体接触时是否有毒副作用，以及燃烧后排出的有害排放物对环境的污染程度，包括正常燃烧产物 CO_2 所引起的温室效应。

5）其他性能

其他性能也较多，如燃料的流动性（黏度）与表面张力会影响发动机启动、燃油输运和雾化能力，燃料的安定性与腐蚀性会影响燃料的储藏时间与机件寿命，汽化潜热影响进气温度和混合气形成，而柴油的凝固性直接决定了柴油机的低温工作能力。

包括汽油、柴油在内的烃燃料主要由开采的原油直馏而得。其中，有相当部分是直馏成分的催化重整以及重成分的热裂解、催化裂解的产物，也有人工合成的制品。石油制品中，C、H 元素的含量占总量的 97%～98%，其余为少量的 O、S、N 等元素。表 1 - 10 为原油不同分馏段产品的成分与主要性能，可以看出，各种单烃的成分、结构及其在燃料中所占的比例均不相同，燃料综合性能是所组成的各单烃性能的加权平均值，同一类燃料若其成分及结构有明显的差别，则其性能也会有明显差异。

表 1 - 10　原油不同分馏段的成分及主要性能

名称	主要成分 （C 原子数及质量百分数）	沸点/℃ （1013 kPa）	密度（液 kg/L，气 kg/m³） （0 ℃，1013 kPa）	相对分子质量	着火温度/℃
甲烷 （天然气）	C_1，（76C，24H）	−162	0.83（气）	16	650
石油气	C_3～C_5，（83C，17H）	−43～+1	0.51～0.58（液） 2.0～2.7（气）	41～58	365～470
汽油	C_5～C_{11}，（86C，14H）	25～215	0.715～0.78（液）	95～120	300～400
煤油	C_{11}～C_{19}，（87C，13H）	170～260	0.77～0.83（液）	100～180	250
柴油	C_{16}～C_{23}，（87C，13H）	180～360	0.815～0.855（液）	180～200	250
渣油	C_{23} 以上	360 以上		220～280	

2. 燃烧理论

一个完整的燃烧过程包括着火和燃烧两部分。燃烧是指燃料与氧化剂进行剧烈放热的氧化反应过程，燃烧过程中往往伴有复杂的传热、传质、化学反应和流动现象。着火是指可燃混合气在一定的压力、温度、浓度条件下，其氧化反应速度突然加速，以至出现火焰的现象。内燃机中的燃烧是一种周期性的非稳定燃烧过程，随时间和空间的变化极大，周而复始地进行混合气形成、着火、燃烧、熄火、换气等阶段，着火往往对整个燃烧过程有着极大的影响。内燃机燃烧也是一种高速燃烧现象，一般燃烧持续期小于 60°曲轴转角。对应转速为 1000~5000 r/min 的四冲程发动机，燃烧持续期小于 10~2 ms。

1）预混合燃烧和扩散燃烧

燃烧可分为气相燃烧和固相燃烧两类。气相燃烧是指燃料以气体状态与空气混合所进行的燃烧，固相燃烧是指固体燃料没有挥发而在表面与空气燃烧。内燃机汽油、柴油尽管都是液体燃料，但燃烧是以气相燃烧方式进行。气相燃烧可分为预混合燃烧和扩散燃烧两类。预混合燃烧是指着火前燃料气体或燃料蒸气与氧化剂（空气）已按一定比例形成混合气。扩散燃烧是指着火前燃料与氧化剂（空气）是相互分开的，着火后燃料边蒸发边与空气混合边燃烧。内燃机中所有燃烧（气体和液体燃料）都属于这两类燃烧中的某一类或这两类燃烧的组合。

预混合燃烧和扩散燃烧是内燃机和其他热力机械中最基本的两种燃烧方式，也是导致汽油机和柴油机在燃烧特性、排放污染物生成及控制机理、动力经济性以及噪声振动等多方面不同的根本原因。

预混合燃烧和扩散燃烧的主要特点对比如下：

（1）扩散燃烧时，由于燃料与空气边混合边燃烧，燃烧速度取决于混合速度；预混合燃烧时，因燃烧前已均匀混合，燃烧速度主要取决于化学反应速度，即取决于温度和过量空气系数。

（2）扩散燃烧时，为保证燃烧完全，一般要求过量空气系数大于等于 1.2；预混合燃烧时，一般要求过量空气系数为 0.8~1.2。

（3）扩散燃烧时，混合气浓度和燃烧温度分布极不均匀，易产生局部高温缺氧生成碳烟；预混合燃烧时，由于混合均匀，一般不产生碳烟。

（4）扩散燃烧时，由于有碳烟产生，碳粒的燃烧会发出黄或白色的强烈辐射光，因此也称"有焰燃烧"；预混合燃烧时，无碳粒燃烧问题，火焰呈均匀透明的蓝色，因此也称"无焰燃烧"。

（5）预混合燃烧由于燃前已形成可燃混合气，因此有回火的危险；扩散燃烧一般无此危险。

2）层流火焰

在混合气静止或层流状态（雷诺数 $Re < 2300$）下，火焰前锋面尽管很薄，其上却进行着剧烈的传热传质和化学反应现象，有着极大的温度梯度和浓度梯度，90%~95% 的化学能在火焰前锋面上释放。图 1-20 为层流火焰前锋面构造。火焰面厚度的很大一部分是化学反应速度很低的预热区，化学反应主要集中在厚度很窄的化学反应区，火焰前锋面的厚度与燃料特性有关。

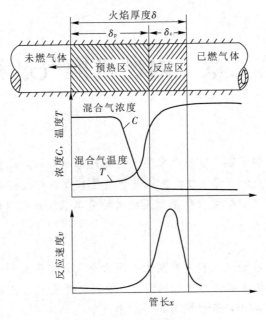

图 1-20　层流火焰前锋面构造

3) 湍流火焰

图 1-21 为湍流与火焰前锋面形状的关系。在雷诺数 $Re<2300$ 时为层流火焰；当 $Re=2300\sim6000$ 时为湍流火焰，火焰前锋面变厚并出现皱折，这时火焰传播速度较层流时有明显增长；当 $Re>6000$ 时为强湍流火焰，前锋面的皱折发展成明显的凹凸不平和扭曲，其内部分裂出许多小的未燃混合气区域。提高混合气的湍流程度是改善汽油机燃烧的有效手段。

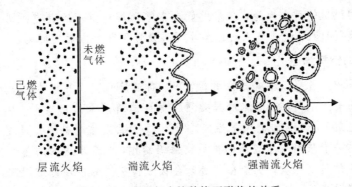

图 1-21　湍流与火焰前锋面形状的关系

复习思考题

1. 简述内燃机理论循环过程、实际循环过程以及二者的差异。
2. 简述内燃机的指示指标和有效指标，具体包含哪些内容？
3. 简述内燃机示功图的测量原理、方法及其注意事项。
4. 描述内燃机的机械损失分布情况及所占比例。
5. 简述内燃机机械损失的测定方法及其适用范围。
6. 简述柴油、汽油的着火与燃烧原理。

第二章 内燃机换气过程

【学习目标】

通过本章的学习，学生应了解内燃机换气过程的基础知识，掌握内燃机配气相位的意义，掌握内燃机换气损失的计算方法，熟练进行充量系数解析式的推导计算，掌握提高内燃机充量系数的技术措施，掌握内燃机增压技术的分类以及废气涡轮增压的优缺点，了解现代内燃机可变进气技术。

【导入案例】

内燃机进气系统是在进气过程中利用大气压力与气缸内压力形成的压差，使空气进入到气缸内。一般进气系统主要包括空气滤清器、进气歧管及相关传感器。进气过程中进气口与气缸内形成的压差越大，沿程阻力越小，进气就会越充分，为燃烧准备更多的氧气，发动机能够产生更大的动力性。在进气系统中可以用充气系数来评价不同排量发动机换气过程的完善程度。充气系数越大，说明每循环的实际充气量越多，每循环可燃烧的燃料也随之增加，发动机的扭矩和功率也就越大，动力性越好。排气系统的功能是清除内燃机工作时产生的高温废气，降低废气污染和噪声污染。气缸内的废气从连接燃烧室的排气口经由排气歧管、排气管前中段(包括三元催化转化器)和排气管尾段(俗称尾排)，最后由排气尾管排放到大气中。

为了提升内燃机的动力性能，汽车爱好者常常选择对量产车辆进行进排气系统改装，优化内燃机的换气过程。进排气系统改装主要涉及以下几个方面的问题：

1. 高流量的空气滤芯

改装进气系统的首要工作就是换用高效率、高流量的空气滤清器。空气滤清器的阻力随结构的不同而有所不同，空气滤清器必须在保证滤清效果的前提下，尽可能减小阻力，如加大气流通过截面积，改进滤清器性能。图2-1为目前常用的原厂滤芯和高流量滤芯。高流量空气滤芯一般采用成本较高的棉质或海绵制作，配合专用的滤芯油来阻隔灰尘，由于棉是三维立体的过滤介质，灰尘在通过时会被纵横交错的多层纤维阻隔，然后再由滤芯油使其浮离于滤芯表面，不会像纸质滤芯般当小孔被灰尘堵塞后便失效。换装高流量的滤芯可降低发动机的进气阻力，从而提高发动机运转时单位时间的进气量及容积效率。

(a) 原厂滤芯　　　　　　　　　　　　(b) 高流量滤芯

图 2-1　原厂滤芯与高流量滤芯

2. 进气管改装

进气管改装时必须保证足够的流通面积，避免弯管和截面突变，改善管道表面的光洁程度，以减小阻力，提高容积效率。通常进气道的改装可从抛光进气道、改变进气道的形状和更换进气道的材质三个方面着手。抛光进气道可以降低气道表面的粗糙度，平滑的表面可有效降低进气阻力，减少空气流经气道时在气道表面产生停滞的现象。图2-2为进气管改装实例。

图2-2　进气管改装实例

3. 进气歧管改装

进气歧管的作用是把流经进气道的气体分配到各个汽缸去。在多缸发动机上，应使各缸进气歧管的长度尽可能相同，采用等长并独立的进气歧管，避免各缸气波之间的干扰。转速不同，所需进气管长度也不同，一般高速发动机配用较短的进气管，低速发动机所需的进气管较长。由于汽车内燃机使用的转速范围较宽，配用进气管时，应在常用转速区考虑其长度，以有效利用进气的动态效应。图2-3为进气歧管改装实例。

图2-3　进气歧管改装实例

4. 排气歧管

排气系统改装时都会将排气歧管由铸铁歧管更换为内表面更为光滑、质量更轻的不锈钢管，或弯管或焊接成型，将各个气缸排出的废气收集到一起。与进气系统相似，排气系统也有谐振效应，可以利用优化排气歧管长度和直径来提高排气效率，降低残余废气系数。根据经验，排气管的布置尽量为直线型布置，避免管道内部截面形状的突变。排气歧管长短粗细应适中，避免过长高速时排气不畅，过短低速无力，过粗排气速度降低，过细排气阻力增大。各缸排气歧管长度要保持一致，以免各缸排气互相干扰，造成排气不畅。图2-4为排气歧管改装实例。

图2-4 排气歧管改装实例

5. 排气消音

排气消音器在降低排气噪声的同时，也造成了一定的排气阻力，改装经验丰富的老师傅通过排气声音就能评估排气改装方式和对动力的影响。比如，排气声音发闷，可能是排气阻力比较大，气体流动不顺畅；排气声音过大，并且发空，不扎实，有类似没装消音器时的声音，说明回压小，对低转速的扭矩可能会造成不利影响；只有声音低沉饱满，拉高转速时排气声浪不刺耳但明显很有力，才说明排气系统顺畅，长度和粗细适中，对动力没有产生不利影响。图2-5为排气消音改装实例。

图2-5 排气消音改装实例

第1节 换气过程

内燃机换气过程是排出本循环的已燃气体和为下一循环吸入新鲜充量的进排气过程，是内燃机工作循环周而复始进行的保证。配气定时图如图2-6所示。换气过程是从排气门开启直到进气门关闭的整个时期，约占410°～480°曲轴转角。一般将换气过程分作自由排气、强制排气、进气和气门叠开四个阶段。

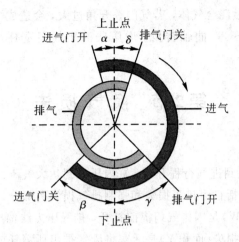

图 2-6 配气定时图

1. 自由排气阶段

从排气门打开(下止点前 30°~80°CA)到气缸压力接近排气管压力(下止点后 10°~30°CA)的这个时期称为自由排气阶段。排除废气达 60% 以上。

排气提前角:排气门是在活塞到达下止点之前开启,从排气门开始打开到下止点的这段曲轴转角叫排气提前角(30°~80°CA)。

2. 强制排气阶段

由活塞上行克服排气门、排气道处的阻力强制推出废气的过程为强制排气阶段,缸内平均压力比排气管平均压力略高一些,一般高出 10 kPa 左右。气流的速度愈高,此压差愈大,耗功愈多。

排气迟闭角:为了利用高速气流的惯性排除废气,排气门是在活塞过了上止点后才关闭,到排气门完全关闭的这段曲轴转角叫排气迟闭角(30°~80°CA)。

3. 进气过程

从上止点前(0°~40°CA)进气门打开到下止点后(40°~70°CA)进气门关闭的过程为进气过程。为保证活塞下行时进气门开启面积足够大,使新鲜充量顺利进入气缸,进气门在上止点前就要打开。

进气提前角:进气门是在活塞到达上止点之前开启(0°~40°CA),以保证活塞下行时有足够大的气门开启面积,使空气顺利流入气缸。

进气迟闭角:为了利用高速气流的惯性,下止点后能继续充气,进气门在下止点后40°~70°CA 关闭。

4. 气门叠开

由于排气门的迟后关闭和进气门的提前开启,存在进、排气门同时开着的现象,称为气门叠开。气门重叠期间,内燃机的进气管、气缸和排气管连通,可以利用气流压差和惯性清除残余废气,增加进气量。对于增压内燃机(柴油机),由于进气压力高,有一定数量的新鲜充量直接扫过燃烧室,协助清除已燃废气,换气效果较好。对于增压内燃机(汽油机），由于新鲜充量是可燃混合气体，若气门叠开角过大，会造成燃料损失。在非增压发动机中，叠开角一般为 20°～80° 曲轴转角，增压柴油机气门重叠角一般为 80°～160° 曲轴转角。

第 2 节　换气损失

1. 排气损失

从排气门提前打开直到进气行程开始，缸内压力到达大气压力前循环功的损失称为排气损失。排气损失主要包括自由排气损失和强制排气损失两部分，如图 2-7 所示。

自由排气损失（面积 W）是因排气门提前打开，排气压力线偏离理想循环膨胀线，引起膨胀功的减少。强制排气损失（面积 Y）是活塞将废气推出所消耗的功。随着排气提前角的增大，自由排气损失增加，强制排气损失减小，最有利的排气提前角应使两者之和（$W+Y$）为最小。当排气门截面小、内燃机转速高时，实际超临界排气时间延长，为减少排气损失，应适当加大排气提前角。

减小排气系统阻力及排气门处的流动损失，是降低排气损失的主要方法。此外，排气消声系统的结构和布置形式对排气阻力的影响也很大，试验数据表明，排气背压每升高3.39 kPa，增压柴油机的燃油消耗率将增加 0.5%，非增压柴油机的燃油消耗率将增加 1%。

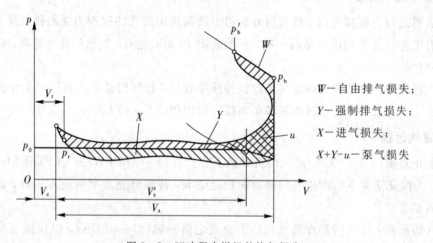

W —自由排气损失；
Y —强制排气损失；
X —进气损失；
$X+Y-u$ —泵气损失

图 2-7　四冲程内燃机的换气损失

2. 进气损失

进气损失主要是指进气过程中，因进气系统的阻力而引起的功的损失，与排气损失相比进气损失较小。对于非增压内燃机，其进气管压力一般为大气压力，进气损失相当于图 2-7 中的面积 X，合理调整配气定时、加大进气门的流通截面、正确设计进气管及进气道的流动路径以及降低活塞平均速度等，都会使进气损失减少。

排气损失和进气损失的总和为换气损失，换气损失相当于图 2-7 中 $W+X+Y$ 的面积，实际示功图中的面积 $X+Y-u$ 为泵气损失。

第3节　充量系数

一、基本概念及影响因素

内燃机充量系数 ϕ_c 是指每循环实际进入气缸的新鲜空气质量 m_a 与进气状态下理论计算充满气缸工作容积的空气质量 m_s 之比。其中，进气状态是指空气滤清器后进气管内的气体状态，即进入气缸前气体的热力学状态，如温度与压力等。对于非增压内燃机，通常取为当地的大气状态；对于增压内燃机，通常是指增压器出口状态。

充量系数反映了进气过程的完善程度，是衡量内燃机性能的重要指标。充量系数表达式如下：

$$\phi_c = \frac{m_a}{m_s} = \frac{V_1}{V_s} = \xi \frac{\varepsilon}{\varepsilon - 1} \frac{T_s}{p_s} \frac{p_a}{T_a} \frac{1}{1 + \gamma} \tag{2-1}$$

式中：m_a 是指实际进入气缸的新鲜空气质量；V_1 是指实际进入气缸的新鲜空气在进气状态下的体积；m_s 是指进气状态下理论计算充满气缸工作容积的空气质量；V_s 是指气缸工作容积。

从式(2-1)推导可知，充量系数的影响因素主要有以下几个方面：

(1) 进气(或大气)状态(p_s、T_s)，进气或大气压力高，p_a 也随之增加，新鲜工质密度增大，虽然充量系数变化不大，但实际进气量增多；进气或大气温度降低，T_a 也随之有所下降，工质密度增大，实际进气量亦增多。

(2) 进气终了时气体压力(p_a)的影响最大，p_a 愈高，充量系数值愈大，进气终了的气体温度(T_a)越高，充量系数值越小。

(3) 残余废气系数(γ)增加，充量系数值下降，同时燃烧恶化。

(4) 压缩比(ε)增加，压缩容积减小，残余废气量随之减少，充量系数值有所增加。

(5) 气门正时(ξ)：合适的配气定时应考虑 p_a 具有最大值。

图 2-8 为各因素对进气速度特性的综合影响。一般来讲，柴油机的充量系数为 0.75～0.9，汽油机的充量系数为 0.7～0.85。

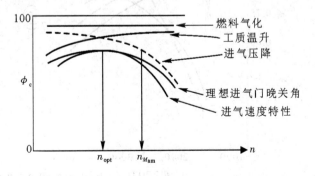

图 2-8　各因素对进气速度特性的综合影响

二、提高内燃机充量系数的技术措施

1. 降低进气阻力

内燃机进气系统是由空气滤清器、节气门(汽油机)、进气管、进气道、进气门所组成，降低内燃机进气阻力，应从上述零部件入手。其中，在保证滤清效果的前提下，尽可能减小阻力，经常清洗滤清器，更换滤芯。进气管和进气道应具有足够的流通面积，变化平缓，避免转弯及截面突变，圆角应大，管道表面光洁，以减小阻力；在高速、高功率条件下，进气管应粗而短，中、低速条件下，进气管应细而长；考虑到内燃机的动力性能，应减少进气阻力；考虑内燃机经济性能与排放性能，应使新鲜充量在气缸中形成涡流，改善混合气形成与燃烧。

整个进气系统中，进气门处的通过断面最小，且截面变化大，进气损失主要集中在这里，涉及以下影响因素。

(1) 时面值：表示气门的通过能力。

(2) 进气马赫数 Ma：进气门处气体的平均速度与该处声速的比值，马赫数超过一定数值(0.5 左右)充气效率急剧下降。

(3) 气门直径和气门数：增大进气门直径可以扩大气流通路截面积，可采用多气门结构。

(4) 气门升程：适当增加气门升程，改进凸轮型线，减小运动件质量，增加零件刚度，在惯性力允许条件下使气门开闭尽可能快，从而增大时面值，提高通过能力。

(5) 减少气门处的流动损失：改善气门处流体动力性能，如气门头部到杆身的过渡形状，气门和气门座的锐边等。

2. 合理的配气相位

在进、排气中确定合理的进、排气门开、关角度，以保证最好的充气效率。图 2-9 为进气迟闭角对充气效率和功率的影响情况。分析可知，为了充分利用气流惯性增加充气量，在低速工况时，进气迟闭角应尽可能小，在高速工况时，应适当增加进气迟闭角，并根据常用工况确定合适的进气迟闭角。此外，确定合理的排气提前角，应当在保证排气损失

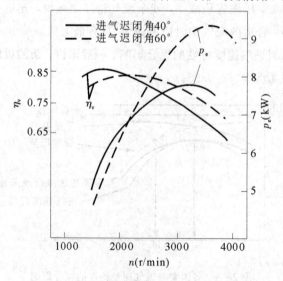

图 2-9 进气迟闭角对充气效率和功率的影响

最小的前提下，尽量晚开排气门，以增大膨胀比，提高热效率。对于非增压发动机，进气门早开，排气门晚关，使进气初期和排气后期节流损失减小，故有气门重叠角时充气效率高。对于增压发动机，强烈的燃烧室扫气作用可以将余隙容积的残余废气扫除干净，可以冷却燃烧室热区零件，减少对充量的加热，有利于提高充气效率，还能降低 NO_x 排放量。

3. 进气温度控制

新鲜充量在进气过程中，由于受到进气管、进气门、气门、气缸壁和活塞等一系列受热零部件的加热，引起温升现象，导致新鲜充量密度降低，质量减少。应尽量避免和减少温升现象的影响。从结构设计角度，采用进、排气管两侧分开布置，可以避免高温排气管对进气的加热效应，有助于提高充量系数。从零部件材料选择角度，可以采用绝热效果较好的工程塑料材质进气歧管。从进气预处理角度，特别是对增压发动机，需采用进气中冷技术或冷却 EGR（排气再循环）技术。

图 2-10 为进气温度对缸内燃烧压力和放热率的影响。可以看出，在着火之前，缸内压力受进气温度变化的影响较小；由于进气压力不变，随着进气温度增加，热节流作用增强，气缸内的氧浓度降低，燃烧速率降低，且喷油时刻缸内温度较高，混合气达到自燃温度时的相位提前，进气温度从 298 K 增加至 423 K，缸内最大爆发压力降低了约 14.2%；对于放热率曲线，随着进气温度增加，滞燃期缩短，着火时刻提前，预混燃烧比例减少，扩散燃烧比例增大，放热率曲线由单峰向双峰分布发展，预混期内油气混合质量变差，放热率峰值降低了约 28%。

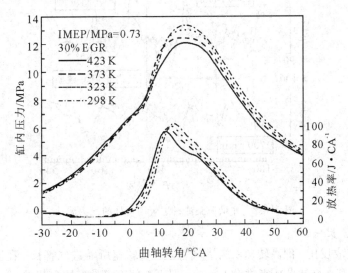

图 2-10 进气温度对缸内燃烧压力和放热率的影响

4. 进气管动态效应

由于间歇进、排气，进、排气管存在压力波，在用特定的进气管条件下，可以利用此压力波来提高进气门关闭前的进气压力，增加充气效率，在进、排气中确定合理的进、排气门开、关角度，以保证最好的充气效率。进气管的动态效应一般分为惯性效应和波动效应。

1）惯性效应

在稳压室等空腔的开口端为负压波反射，在闭口端为正压波反射，当管长度合适时，正负压力波传播时间正好配合，即正压波返回到进气门时，正是进气门关闭前夕，从而起到增压的效果，反之负压到达则相反的结果。图 2-11 为单缸进气管的动态效应示意图。

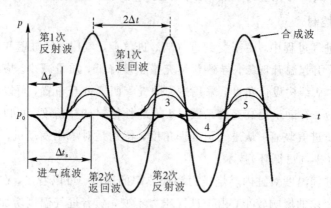

图 2-11 单缸进气管的动态效应示意图

2）波动效应

在进气门关闭后，进气管的气柱继续波动，对各缸的进气量有影响，这称为压力波动效应。图 2-12 为非增压柴油机进气门口处的压力波动情况。

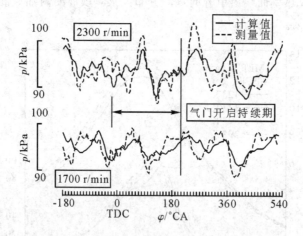

图 2-12 非增压柴油机进气门口处的压力波动

3）转速与管长

管长与转速成反比，即高转速所需进气管短，低转速所需进气管长。在进气系统不变的情况下，只能选某一转速范围考虑动态效应，但不能使充气效率增大超过 5%～10%，否则在某些转速必然有性能低谷。利用进气系统动态效应时，还应考虑管径、截面变化、弯曲方式、节流位置等，多缸机还要考虑进气歧管的长度一致性，避免各缸汽波之间的干涉。

5. 排气管动态效应

排气管内也存在压力波，且排气能量大，废气温度高，故与进气相比，排气压力波的振幅大，传播速度快。若能在排气过程后期，特别是气门叠开期，使排气管的气门端形成稳定的负压，便可减少缸内残余废气和泵气损失，并有利于新鲜充量进入气缸。

第 4 节　可变进气技术

内燃机的工作转速范围宽广，转速不同，理想的进气管长度不同，一般高转速时用短进气管，低转速时用长进气管，传统进气管只能满足某一常用转速区域运行时的进气动态效果。随着电子控制技术的发展，出现了可变进气技术。可变进气技术能够满足高功率的要求，且保证中低转速、中小负荷的经济舒适性，在大的转速范围内改善经济性和动力性。可变进气技术包括可变进气管、可变气门正时、可变气门升程、可变进气涡流等。

1. 可变进气管

如图 2-13 所示，当内燃机低速运行时，控制阀关闭，空气经空气滤清器后，沿长进气管进入进气道，能够获得较高的进气速度，气流的动能增加，进气量增加。当内燃机高速运行时，控制阀开启，空气经空气滤清器和节气门后，直接进入短进气管，由于进气阻力较小，也能增加进气量。

2. 可变气门正时

传统内燃机气门正时系统是配气相位一成不变的机械系统，这种配气系统很难满足内燃机多种工况的配气需要，不能满足发动机在各种转速工况下均输出强劲的动力要求。可变气门正时系统是一种改变气门开启时间或开启大小的电控系统，通过在不同转速下为车辆匹配更合理的气门开启或关闭时刻，来增强内燃机扭矩输出的均衡性，提高功率并降低燃油消耗率。

可变式气门驱动机构是在内燃机急速工作时减少气门行程，缩小"帘区值"。在高速运行时，进、排气门应远离下止点关闭和打开，增大气门行程，扩大"帘区值"，改变"重叠阶段"时间，使内燃机在高转速时能提供强大的功率；在低转速时，进、排气门应接近下止点关闭和打开，产生足够的扭矩，改善内燃机的工作性能。急速时，气门叠开角要小，随着转速上升，气门叠开角应加大。气门可变驱动机构能根据汽车的运行状况，随时改变配气相位，改变气门升程和气门开启的持续时间。图 2-14 为典型的可变气门正时系统。

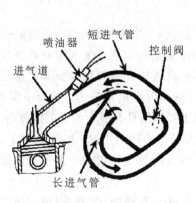

图 2-13　可变长度进气管

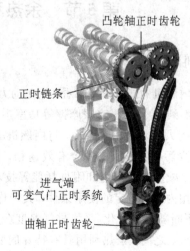

图 2-14　典型的可变气门正时系统

3. 可变进气涡流

可变涡流控制系统是通过节流门的控制，使内燃机在不同工况下的进气形成不同的"进气涡流"，使由喷油器喷出的雾状燃油与空气更好地混合，保证燃烧最充分。图 2 - 15 为典型的可变进气涡流系统。

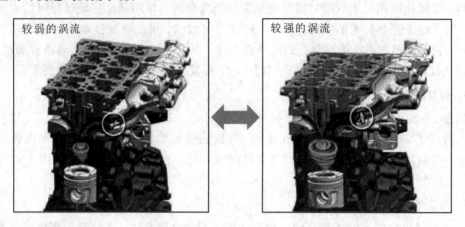

图 2 - 15　典型的可变进气涡流系统

采用涡流控制阀系统，可根据内燃机的不同负荷，改变进气流量。一般来讲，进气孔纵向分为两个通道，涡流控制阀安装在通道内，由进气歧管负压打开和关闭，控制进气管空气通道的大小。当内燃机小负荷或以低于某一转速运转时，受电控单元(ECU)控制的真空电磁阀关闭，真空度不能进入涡流控制阀上部的真空气室，涡流控制阀关闭。由于进气通道变小，产生一个强大涡流，提升了油气混合效果。当内燃机负荷增大或以高于某一转速运转时，ECU 根据转速、温度、进气量等信号将真空电磁阀电路接通，真空电磁阀打开，真空度进入涡流控制阀，将涡流控制阀打开，进气通道变大，提高进气效率，改善发动机输出功率。进气涡流可以促进燃油蒸发以及与空气的均匀混合，提高燃烧效率。

第 5 节　余热利用与增压技术

一、余热利用技术

从目前内燃机的能量平衡来看，用于动力的输出功率一般只占燃料燃烧总能量的 20％～45％，除了不到 10％用于克服摩擦等功率损失之外，其余的余热、余压能主要通过冷却液和排气耗散到大气环境中。因此，将内燃机的余热能高效转化再利用是提高总能效率、降低油耗和减少污染物排放的一个有效途径。国际汽车和内燃机界认为，相比于混合动力、汽车轻量化、减少空气阻力和附件耗能等技术，余热能利用具有最大的节能减排潜力。

由于车用内燃机特定的使用条件，其工作时经常处于不同的工况，排气温度在 200℃～900℃之间不断随工况变化(平均排气温度在 400℃左右)，同时内燃机冷却液出口温度通常在 96℃～100℃之间。余热利用具有特殊的要求：

(1) 内燃机余热的品位较低，排气和冷却系统的热力参数随车用工况波动较大，能量回收较困难；

（2）余热利用装置要结构简单、体积小、重量轻和效率高；

（3）余热利用装置要抗震动、抗冲击，适应汽车运行环境；

（4）保证汽车使用中的安全；

（5）不影响内燃机工作特性，避免降低内燃机动力性和经济性。

由于车用内燃机余热利用具有上述特点，因此如何采用合适的技术手段，设计合理的余热利用系统来满足这些要求，具有很大的难度。目前，应用有机朗肯循环来回收内燃机的余热具有很大的技术潜力，图2-16为有机朗肯循环测试系统，该系统包括冷凝器、蒸发器、储液罐、油泵、油箱、发动机、工质泵、膨胀机、油分离器和油冷却器。

图2-16 有机朗肯循环测试系统

采用R245fa为工质的高温有机朗肯循环来回收排气余热能，采用R134a为工质的低温有机朗肯循环来回收冷却系统余热能和高温有机朗肯循环的残余热能。结果表明：在内燃机有效热效率的高峰区域内，组合系统（包含内燃机的动力循环和双有机朗肯循环）的输出功率提高量较小，为14%～16%；在内燃机小负荷区域内，组合系统的输出功率提高量最大，为30%～50%。在内燃机的整个工作范围内，组合系统的有效热效率提高了3%～6%。结果表明：蒸发器出口的排气温度随着内燃机功率的升高而增加；尽管蒸发器管侧有机工质的对流传热系数远大于壳侧排气的对流传热系数，总传热系数仅比排气侧稍高；预热区的传热量最大，过热区的最小，相应地，预热区的传热面积约占总传热面积的一半，而过热区的传热面积稍高于两相区。蒸发器的传热面积必须根据内燃机的常用工况来优化选择。

二、增压技术

现代柴油机具有高效节能、排放污染物少、能长时间稳定运行等特点，应用涡轮增压技术能有效改善气缸充量容积效率、提高内燃机的动力性和经济性，同时，满足各国日益严格的排放法规要求。涡轮增压技术通过涡轮增压器提高进气系统的进气密度，在全面改善发动机的动力性、经济性以及排放指标等方面发挥了重要的作用，被誉为内燃机发展史上的第二个里程碑。

1. 基本概念

增压是利用增压器将空气或可燃混合气进行压缩，再送入发动机气缸的过程，增压后，每循环进入气缸的新鲜充量密度增大，实际进气量增加，能够达到提升内燃机动力性能和经济性能的目的，其计算推导过程如式（2-2）、式（2-3）所示。

$$P_e = \eta_c \eta_t \eta_m \left(\frac{H_u}{\phi_a l_0} \right) \phi_c V_s \rho_s \left(\frac{2in}{\tau} \right) \tag{2-2}$$

$$b_e = \frac{1}{\eta_c \eta_t \eta_m \cdot H_u} \tag{2-3}$$

增压度：增压后，标定工况的输出功率的增量与原机功率的比值。

$$\varphi = \frac{P_{enk} - P_{en}}{P_{en}} = \frac{p_{menk} - p_{men}}{p_{men}} \tag{2-4}$$

增压比：标定工况，增压器压气机后的空气压力与压气机前压力的比值。

$$\pi_k = \frac{p_b}{p_0} \tag{2-5}$$

2. 增压技术的分类

随着流体动力学、计算机技术以及制造工艺的不断提高，柴油机增压系统采用了大量新技术和新设计，出现了带废气旁通阀的增压系统、可变几何截面增压器、复合增压系统、二级增压系统等新型增压系统。

1）带废气旁通阀的增压系统

重型车用柴油机的增压器匹配转速一般为内燃机标定转速的 60%，所以在发动机高速时会出现增压器超速，增压压力过高，导致缸内爆发压力过大。废气放气增压器就是在发动机高速时旁通掉一部分废气，使该部分废气不通过涡轮直接排到机外，达到控制增压压力的目的，且由于高速时可以放气，在匹配时可以选择较小的增压器，提高发动机的瞬态性能。

图 2-17 为带废气旁通阀的增压系统结构及原理。该型增压器的主要结构是将增压器涡轮与废气门并联到排气管上，废气阀门的开闭由增压空气控制。采用废气放气增压器的缺点是，旁通掉的废气能量被浪费，降低了发动机能量利用率，会影响发动机的经济性能。

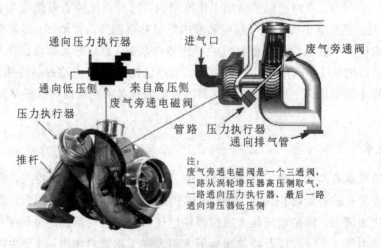

图 2-17　带废气旁通阀的增压系统结构及原理

2）可变几何截面增压器（VGT）

可变增压技术主要是指可变涡轮喷嘴截面增压系统，主要是通过改变喷嘴环叶片的出口角来控制增压器转速。当发动机处于低速工况时，通过关闭喷嘴环减小涡轮流通截面积，提高增压压力，改善发动机低速段的动力性及瞬态响应性；当发动机处于高速工况时，增大叶片角度，提高涡轮的通流面积，防止增压压力过大。由于该增压器具有较好的调节能力，因此在欧美、日本得到了广泛的应用，盖瑞特公司、KKK 公司均研制了可调涡轮喷嘴截面增压器。由于 VGT 结构复杂，制造成本高，无法实现较高的增压比，所以，在高增压场合，VGT 的应用受到一定限制。图 2-18 为 VTG 结构剖面示意图。

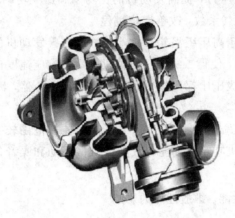

图 2-18　VGT 结构剖面示意图

3）复合增压系统

复合增压系统主要是指机械-涡轮增压系统，在高功率和高转速柴油机上应用比较多。即将机械增压和废气涡轮增压器串联到发动机进气管，机械增压器由发动机曲轴带动旋转，而涡轮增压器和普通增压器一样靠排气能量驱动。机械增压没有涡轮增压的迟滞效应，增压压力能快速建立，具有灵敏的中低速增压响应能力，但是机械增压在高转速时增压压力有限；而废气涡轮增压通过优化匹配可在高转速时提供较高的增压压力，保证发动机强大的功率输出，但低转速时增压器效率比较低，增压效果不好，二者联合运行则能够解决发动机全工况的功率输出的问题。图 2-19 为典型的复合增压系统。

机械增压模块

涡轮增压模块

图 2-19　典型的复合增压系统

4）二级增压系统

随着柴油机技术的不断发展，柴油机工作性能要求也越来越高，单级增压柴油机已经不能满足柴油机对高功率的要求，二级增压柴油机因其优异的工作性能受到广泛关注。二级增压系统是由两台不同型号的增压器串联组成的二级涡轮增压系统，一般在低压级压气机和高压级压气机出口设置空气冷却器。与传统增压系统相比，在柴油机上应用二级增压系统主要有以下优点：

（1）增压比高。二级增压比单级可以达到更高的压比，从而使低压缩比高增压柴油机能够达到更高的平均有效压力，提高发动机的比功率和最大功率输出，同时高增压比可为柴油机提供更大的过量空气系数，改善燃烧过程。

（2）瞬态响应快。由于高压级涡轮尺寸小，可以改善发动机的瞬态响应能力，在一定程度上消除涡轮迟滞效应，使得二级增压柴油机的瞬态响应速度比单级快。

（3）二级增压时，两级压比都比较低，每一级都有中冷器，因此二级涡轮增压系统中增压器综合效率较高。

（4）二级增压系统的涡轮转速较低，压气机工作转速范围较宽，有利于增压器与柴油机匹配，此外，降低压气机叶轮速度能有效降低机械振动和噪音，提高二级增压柴油机工作可靠性。

3. 增压技术对经济性能、排放性能的影响

采用增压技术后，整机升功率将与指示热效率、机械效率、进气密度、充量系数的乘积成正比增加，内燃机的燃油消耗率有所降低，燃油经济性得以改善。工程经验表明，采用废气涡轮增压后，燃油消耗率平均降低 6%，同时采用中冷技术后，燃油消耗率平均降低 9%。以柴油机为例，与非增压机型相比，增压机型由于富氧，缸内温度较高，燃烧反应加快，碳氢化合物（HC）消除反应增强，排放中 HC 含量减少，并可提高柴油机整个燃烧循环的平均介质温度和氧化反应速率，降低未燃 HC 排放。另外，增压后，由于显著增大了进气密度，增加了缸内可用的空气量，过量空气系数 α 增加，燃料湿壁现象等减少，有利于降低细颗粒物（PM）排放。增压技术对经济性和排放性的影响如图 2-20 所示。

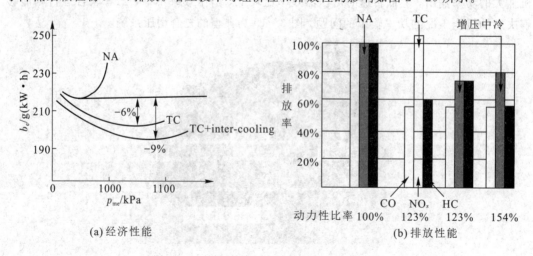

(a)经济性能　　　　(b)排放性能

图 2-20　增压技术对经济性和排放性的影响

4. 增压匹配技术

随着涡轮增压技术的发展，越来越多的柴油机采用了涡轮增压系统，使柴油机的动力性、经济性、排放、噪声等各项性能指标获得了明显的改善。为了增压柴油机的性能，柴油机和选配的涡轮增压器性能要求优良，还要求在各种工况下柴油机和涡轮增压器联合工作能获得最优的综合性能。因此，增压柴油机需要较好的涡轮增压器与柴油机的匹配效果，一般两者的匹配要求有：

(1) 在各种工况下柴油机和涡轮增压器应能正常工作，不发生喘振、不超过最高爆发压力、排烟和排温低于规定值；

(2) 增压器压气机的最佳效率区(效率大于 0.65)应尽可能与柴油机工作区域重合，柴油机喘振线与联合运行线大致平行；

(3) 在柴油机的经济性、动力性等性能指标达到预定值时，低油耗区域在万有特性图中要足够宽广，在柴油机的负荷特性方面，增压柴油机要求低负荷油耗率适中和最低油耗率较低。

由于增压器和柴油机的一些原有的缺陷和固有特性，在实际应用中增压柴油机常会出现以下三个方面的问题：

(1) 低速和部分负荷时经济性差；

(2) 低速扭矩不足；

(3) 瞬态响应迟缓，柴油机的启动、加速性能差。

造成这些问题的主要原因是柴油机的活塞往复运动过程中产生脉动间歇的工质流动，涡轮增压器工作过程中产生相对稳定而连续的工质流动，涡轮增压器和柴油机匹配时两者之间只有气动连接，响应速度较慢。

复习思考题

1. 简述四冲程内燃机的换气过程。

2. 简述内燃机换气损失及其影响因素。

3. 简述可变进气管、可变气门定时、可变气门升程、可变进气涡流等可变进气技术的工作原理。

4. 查阅相关文献，简述内燃机有机朗肯循环的余热利用技术。

5. 查阅相关文献，简述内燃机二级增压技术的工作原理与应用实例。

第三章　内燃机燃料供给与调节系统

【学习目标】

通过本章的学习，学生应了解内燃机燃料供给与调节系统的工作循环过程，掌握电控燃料喷射系统的主要组成及控制方式，掌握燃料供给过程及典型喷射过程原理，掌握喷油泵、喷油器的特点及主要参数，了解电控系统开发、标定与匹配过程。

【导入案例】

大众汽车发动机创新技术的核心竞争力是卓越的"扭矩性能"，TSI涡轮增压直喷汽油发动机能够在不增加排量的前提下产生更大的扭矩，并在较为宽泛的转速范围内实现并保持最大扭矩输出。这能够更好地适应中国目前的特殊交通状况。自2015年起，大众汽车品牌将在中国市场逐步启用全新"基于发动机扭矩"的车尾标识体系，如图3-1所示。启用"基于发动机扭矩"的车尾标识体系，是大众汽车品牌在中国市场的一次重要革新。

图3-1　大众发动机扭矩标识

为此，大众汽车品牌将其扭矩值（牛·米）划分为若干个"扭矩类别"，例如180、230、280、330和380牛·米。车尾标识体系将通过"以牛·米为单位的扭矩类别标记值"加"发动机技术类型"的形式，在搭载了TSI和TDI发动机的大众汽车品牌乘用车和轻型商用车的右后车尾呈现。例如，新标识"230 TSI"所代表的意义是：该车型配备的发动机是扭矩类别为230牛·米的TSI发动机。在设计上，TSI发动机与其他传统发动机的区别在于：与歧管喷射原理不同，TSI发动机配备了按需控制的燃油供给系统，每缸四气门，具有可变进气歧管以及进排气凸轮轴连续可调装置，汽油被直接喷入燃烧室，单活塞高压泵的共轨高压喷射系统负责提供精确的燃料，形成30～100 bar之间的工作压力。同时，燃料室的几何设计以及毫秒级精确计算汽油量，大大提高了发动机压缩比。在进气道方面，TSI发动机采用可变进气歧管由电子系统控制所需的空气流量，实现了无节流变质调节，提高了充气效率，获得了更高的升功率，动态响应也更为直接。

第1节　电控燃料喷射系统

一、柴油机

随着柴油机节能、排放与噪声法规要求的进一步提高，除了提高喷油压力以外，还必须在喷油量、喷油正时、喷油压力和喷油规律控制方面进行优化，以保证柴油机与其燃料供给和调节系统之间在各工况下，实现合理与精确的匹配。电控系统可采用预喷射或多次喷射、喷油率与喷油压力的精确控制等方法，对柴油机在喷油量与喷油正时的控制以及喷油规律方面进行优化，满足后处理要求，使燃油消耗和有害排放量大幅度下降。此外，还可扩展到对各子系统（润滑、冷却、EGR、SCR）和各种过渡过程的优化控制、故障自动监测与处理、操作过程自适应控制等，成为整机的管理系统，提高整机性能与可靠性，今后电子控制系统可成为燃油系统及整机（整车）的智能化控制关键零部件。

1. 系统组成

柴油机电控燃料喷射系统由传感器（Sensors）、电控器（ECU）与执行器（Actuators）三部分组成，图3-2为柴油机燃料供给与调节系统电子控制框图。

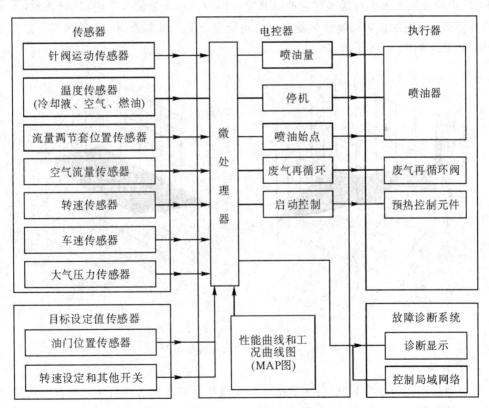

图3-2　柴油机燃料供给与调节系统电子控制框图

1）传感器

传感器（Transducer/Sensor）是柴油机电控系统的重要组成部分，是电控单元精确控制发动机运行的基础,它将反映发动机运行状态的物理量与化学量转换为某一电量参数并传送给电控单元。

传感器的功用是检测柴油机及车辆运行时的各种信息,如进气与环境压力、冷却液、机油与燃油温度、进气流量、喷油泵油量调节机构(直列泵中的齿杆或 VE 分配泵中的溢流环套)的位移、轨压、喷油器针阀的升程、曲轴转角信号与柴油机转速、EGR 阀开度、排气氧浓度、车辆的行驶速度及油门踏板位置等。从功能上可将传感器分为以下几种:

(1)车辆及发动机运行工况参数传感器,主要包括发动机转速传感器、油门踏板位置传感器、凸轮转角传感器等。

(2)参数修正传感器,如冷却水温度、燃油温度、进气温度、进气压力、蓄电池电压等传感器,用以修正喷油量、喷油定时及共轨压力。

(3)执行器反馈信号传感器,如共轨压力传感器、排气氧浓度传感器等。

2)电控器(ECU)

ECU 是柴油机电控的核心部分,ECU 软件是柴油机的各种性能调节曲线、图表和控制算法,其作用是接收和处理传感器的所有信息,按软件程序进行运算,然后发出各种控制脉冲指令给执行器或直接显示控制参数。为了实现对柴油机喷射过程控制的优化,储存在 ECU 中的曲线和图表包括一些在产品开发过程中通过大量试验总结出的综合各方面要求的目标值,如喷油正时与喷油量随转速与负荷变化的三维曲面图,这种图形一般称为脉谱(MAP)图,如图 3-3 所示。

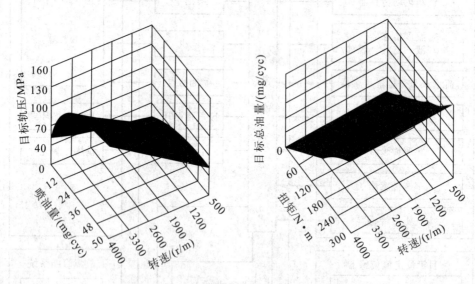

图 3-3 共轨柴油机轨压和扭矩 MAP 图

3)执行器

执行器的功能为接收 ECU 传来的指令并完成所需调控的各项任务,执行器的种类很多,且视调节方式不同而异。在位置式控制方案中,可以采用使喷油泵油量调节齿杆达到油量控制目标位置的电磁控制线圈,使喷油泵达到预定供油提前角的控制阀等。在时间式控制方案中,可以采用控制喷油器针阀启闭的电磁阀或压电伸缩机构等。喷油正时、循环供(喷)油量、EGR 率、SCR 的添蓝(尿素喷射时刻和量)控制是由 ECU 发出的控制指令实现的。喷油正时控制过程中，当 ECU 接收到针阀升程传感器送来的实时喷油始点信号时，就能对实际值与目标值进行比较与计算，并发出控制指令，以保证两者之间差别为最小，实现理想的喷油正时、循环供(喷)油量。EGR 率、SCR 的添蓝(尿素喷射时刻和量)等控制过程也和喷油正时的控制原理一致。但它除了转速与负荷以外，还与柴油机一系列其他因素(如进气流量，冷却液、机油与燃油温度，增压压力与环境压力)等有关。

2. 电控喷射系统的控制方式

柴油机电控喷射系统按控制方式分为两大类：一类是位置控制方式，它的特点是在原来机械控制循环喷油量和喷油正时的基础上，用线位移或角位移的电磁执行机构或电磁-液压执行机构来控制循环供油量，满足高速大负荷和低怠速工况对喷油过程的要求；另一类是时间控制方式，其工作原理是在高压油路中利用高速电磁阀的启闭来控制喷油泵和喷油过程，喷油量由喷油压力的大小与喷油器针阀的开启时间长短来决定，喷油正时(供油始点与持续期)由控制电磁阀的开启时刻确定，实现喷油量、喷油压力、喷油正时和喷油速率的柔性和综合控制。

3. 电控单元的控制方式

柴油机电控单元的控制方式有开环和闭环两种。开环控制为单一方向的流程，即当柴油机在一定工况下，电控单元从传感器得到该工况的各种信息并从内存中找出适合于该工况的目标值(脉谱图)、相应的修正量与其他信息，通过计算决定当前的控制目标，据此制定出各种控制指令送到相应的执行器去工作。至于执行器是否确定地执行了预定控制，执行后柴油机工况是否与控制目标一致，电控单元并不进行检查与比较。闭环控制则为双向操作，即电控单元不断地将待控参数与优化的控制目标值进行比较，据此不断地调节输出指令，使两者差别达到最小。闭环控制系统中一定要有相应的反馈信号，闭环控制的精度要高于开环控制，但并不是所有工况均可以采用闭环控制，例如，柴油机启动与部分过渡工况只能采用开环控制。

4. 高压共轨燃油喷射系统

目前，学术界和工业界一致认为，未来高压共轨燃油喷射系统是满足柴油机经济性、动力性尤其是排放要求的重要燃油系统。国内柴油共轨系统基本由德国博世、美国德尔福、日本电装等公司垄断。

1) 电子控制系统组成

图 3-4 为电控高压共轨系统组成图。可以看出，高压泵 3 将燃油加压后送往高压油轨 4，油轨与各缸喷油器 5 之间以高压油管(短油管)相连，ECU 2 根据各种传感器(温度、压力、进气流量、曲轴和凸轮轴转角位置与转速等)提供的柴油机运转工况的信息以及驾驶人员的操作意向(加速踏板位置)经过逻辑分析、判断和计算，给出控制喷油过程的相关指令。其中，喷油压力或高压燃油轨中燃油压力的控制指令由高压泵或燃油轨上的压力调压阀执行，喷油量和喷油正时的指令则由喷油器中的高压电磁阀执行。电控高压共轨系统中，除了传感器和电控器(ECU)外，高压部分的关键部件为高压泵(高压储油)、高压油轨(高压储油)和喷油器(高压喷油)。

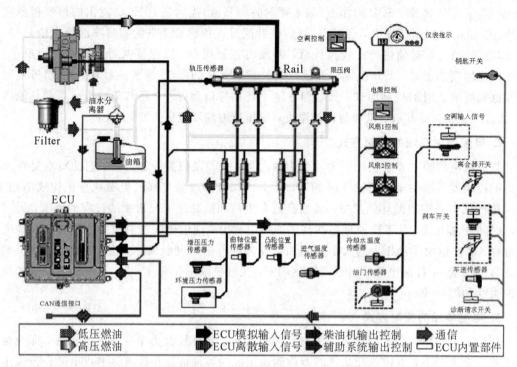

1—热膜式空气质量流量计；2—电控器(ECU)；3—高压泵；4—高压油轨；

5—喷油器；6—转速传感器；7—冷却液温度传感器；8—燃油滤清器；9—油门踏板位置传感器

图 3-4　电控高压共轨系统组成图

2）控制策略

高压共轨燃油喷射系统的主要功能是实现喷油量、喷油定时、喷射压力以及喷油规律的全工况灵活柔性控制，其对发动机性能的改善，取决于机械方面性能、ECU 硬件电路性能以及系统控制策略和控制算法。

（1）系统控制逻辑。

控制策略从逻辑上可以划分为图 3-5 所示的几个模块，每一个特定的模块实现其对应的特定功能，各个模块之间在功能上相互独立，逻辑上紧密相连。

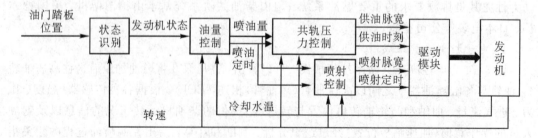

图 3-5　控制逻辑划分

状态识别模块的功能是正确理解操作者的意图，模块的输入主要是各种操作信息和柴油机参数（如转速、油门位置信号等）。油量控制模块对不同运行工况和工况转换时的喷油量进行控制。依据柴油机运行状态参数如转速、冷却水温以及油门位置等信息，确定每缸每循环基本喷油量和喷油正时。共轨压力控制模块与喷射控制模块根据喷油量和柴油机状态参数获得供油脉宽、供油时刻及喷射脉宽、喷射时刻，驱动燃油喷射系统的执行器。

（2）共轨压力控制策略。

共轨压力可实现灵活控制，即使在极低的转速下也可建立较高的压力，高于机械燃油系统的平均喷射压力，可以有效促进混合气的形成。一般油泵中可以设计采用预行程、压油行程与供油量调节的方式使轨压迅速提高。

（3）喷油控制策略。

喷油控制策略包括喷油定时、喷油次数和喷油量控制策略。ECU 根据最终喷油量、喷油次数和转速，通过查喷油定时 MAP 确定喷油定时、喷油次数和喷油量的基本值，结合若干修正量，如冷却水温等，对基本值进行修正，得到喷油脉宽即喷射脉冲持续时间，输出至喷油器电磁阀完成喷油量控制。喷射控制策略中，根据柴油机的瞬时转速将喷油定时、喷射次数和喷油量转换成整数个曲轴齿和延时时间，触发喷油脉宽、频率的输出，完成喷油定时、喷油次数和喷油量的控制，图 3-6 为喷油控制策略示意图。为满足排放法规的要求，可通过喷油策略的设定，做到多次预喷射、后喷射、多段喷射等控制方式，实现喷油规律的柔性控制。

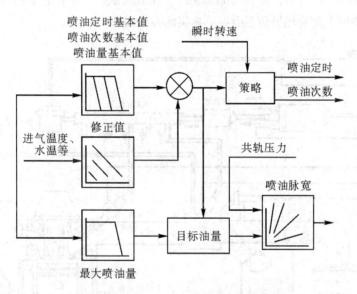

图 3-6　喷油定时、喷油次数与喷油量调节

（4）工况控制策略。

柴油机的电子调速特性曲线是高压共轨柴油机油量基本值的确定依据。工况控制包括启动工况油量控制、怠速工况油量控制、全负荷工况油量控制及限速工况油量控制。

启动工况：在柴油机启动过程中，特别是冷启动过程中，气缸壁与燃烧室的温度较低，混合气与气缸壁间的传热增大，启动转速很低，漏气量增加，使压缩终点的温度与压力均较低。此外，低温时燃油黏性增大，使燃油的蒸发与雾化恶化，影响了混合气形成。以上原因导致了柴油机启动困难。需分别对共轨压力和喷油量进行控制。

怠速工况：柴油机启动后，达到最低怠速转速且油门踏板位置低于某一设定阈值时，转入怠速控制过程。低温时目标怠速高，随着水温升高目标怠速逐渐降低，以加速暖机过程，同时改善柴油机的工作状况，一般采用 PID 控制算法。ECU 根据冷却水温查询怠速

MAP，确定目标急速，通过比较柴油机转速和设定的目标急速，确定下一循环的急速油量。

全负荷工况：柴油机运行的重要工况，决定了最大扭矩点、最低油耗点、常用转速点、标定功率点、标定转速点、排放工况点对应的油量值。当油门位置为100％时，判断柴油机进入全负荷工况。全负荷油量的控制方式，就是以当前转速为自变量查询全负荷油量MAP，或以线性插值的方法得出当前所需目标喷油量。

限速工况：当柴油机转速大于标定转速时，进行限速控制，防止"飞车"。在每一个控制循环都要判断是否要进行限速控制，柴油机转速达到极限转速时，进行断油控制，保证柴油机工作的安全性。

二、汽油机

1. 系统组成

汽油机电控燃油喷射系统的结构与原理与柴油机类似，如图3-7所示。系统由传感器（Sensor）、电控器（ECU）与执行器（Actuator）三部分组成。各种传感器与开关可以将驾驶员的意图、汽油机工况与环境信息及时、真实地传输给ECU。

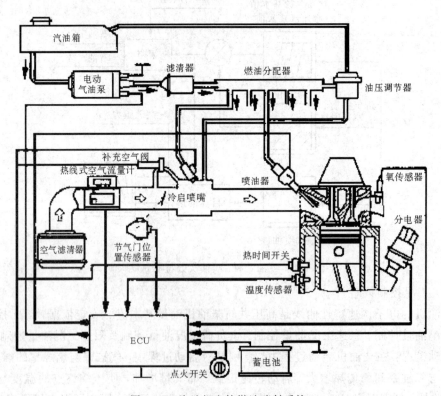

图3-7　汽油机电控燃油喷射系统

传感器大体上可以分为三类：一类是工作介质或环境压力与温度传感器、曲轴和凸轮轴转速与位置传感器以及热膜式空气流量计等；另一类是节气门位置传感器和爆燃传感器；还有一类是氧传感器（λ传感器）。ECU根据来自各个传感器的输入信号及其他开关信号，结合存储的各种标定数据与MAP图进行分析运算，由控制策略决定如何控制，并向执行器发出各种控制指令，执行器产生相应的动作以实现所要求的控制。

1）喷油器

喷油器是最关键的一种执行器，特别是用于缸内直喷的喷油器，要承受气缸内的高温高压环境。喷油器接受电控器送来的喷油脉冲信号，精确地计量燃油喷射量，使燃油在一定压力下及时喷射在进气道或气缸内，形成可燃混合气。对喷油器的要求是其动态流量特性稳定，抗堵塞与抗污染能力强，雾化性能好。喷油器目前主要分为轴针式和孔式两类。

2）点火装置

现代电子控制燃料喷射系统均采用无分电器式的半导体点火系统(DIS)，DIS 直接由电控器中的点火控制器输出多个脉冲电流，驱动点火线圈直接向气缸点火，汽油机采用每缸一个点火线圈的独立点火方式，其点火线圈与火花塞集成在一起。

3）进气调节装置

均质燃烧汽油机负荷的调节依靠节气门的开度实现，驾驶人员踏动踏板，便能转动节气门。但在节气门开度很小或急速开闭的某些工况，如热机怠速、冷机启动、开动某些附加装置(如空调等)或是突然加速的过渡工况，需要供给额外的空气。常见的进气补偿装置采用旁通式补气方式，其工作原理在于，当驾驶人员完全松开加速踏板、节气门关小并不再由人工控制时，所需补充的空气可由电控器根据相应工况的需要控制旁通阀来提供。

2. 主要控制参数

1）点火提前角和喷油脉宽

根据发动机转速和空气流量(或进气歧管绝对压力)两个最基本的输入量确定点火提前角和喷油脉宽的基本值；根据冷却液温度、进气温度等运行参数对基本点火提前角和喷油脉宽进行修正。

2）点火时刻和喷油时刻

通过曲轴(或凸轮轴)转角位置信号来确定相对于各缸上止点的点火时刻和喷油时刻。爆燃传感器检测出的爆燃强度和频度则作为电控器决定推迟点火以避免爆燃的依据。

3）喷油量补偿

通过节气门开度传感器信号确定发动机的运行工况对喷油量进行补偿。

4）空燃比

当汽油机装有三效催化转化器时，必须在催化转化器前后安装能反映空燃比的氧传感器(λ 传感器)，为进行部分负荷及热怠速工况的空燃比闭环控制输入反馈信号。

在所有执行器中，点火线圈连同火花塞、喷油器和节气门开度控制是三个最基本的执行器。

3. 汽油机缸内直喷系统

缸内直喷汽油机的电控系统主要由三部分组成：传感器、ECU、执行器。其工作原理与柴油机基本一致：传感器测量各种信号并传递给 ECU；ECU 经过计算、处理、分析判断，输出指令；执行器接收来自 ECU 的指令，完成相应的功能。图 3-8 为电控系统的基本构成图。

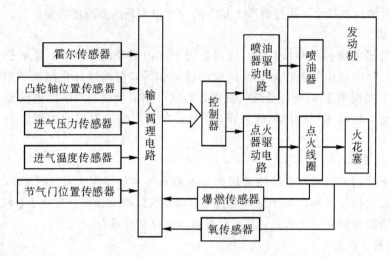

图 3-8　电控系统的基本构成

现代汽油机的运行控制策略可分为四种基本形式：满负荷以化学计量比均质燃烧，最大化空气利用率；中等负荷时均质稀薄燃烧以兼顾燃油经济性和排放；小负荷时分层稀燃以获得最佳的燃油经济性；变工况模式。图 3-9 为典型汽油机运行控制策略图。

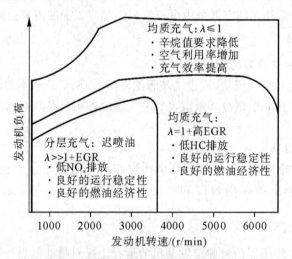

图 3-9　典型汽油机运行控制策略

在小负荷工况下，要求有良好的燃油经济性，因而通常采用压缩冲程喷油，实现分层燃烧。喷油时刻依据燃烧室顶部形状以及气流运动决定，目的是在超稀薄混合气下完成燃烧过程。每循环喷油量由基本 MAP 图和修正 MAP 图决定，低负荷时常采用质调节，可以有效减少汽油机的泵气损失，大幅度改善燃油消耗。

在中等负荷工况下，要求汽油机保证一定动力输出，尽量降低油耗和排放。在进气和压缩冲程之间进行喷油，采用均质稀薄燃烧模式。每循环喷油量依据基本 MAP 图并考虑进气温度、冷却液温度、蓄电池电压等因素进行修正，由喷油脉宽进行控制。

在高负荷工况下，要求提高汽油机扭矩和功率，必须采取理论当量的混合气或浓混合气，故此时发动机采用进气冲程喷油，实现均质燃烧。每循环喷油量依据基本 MAP 图并考虑进气温度、冷却液温度、蓄电池电压等因素进行修正。在进气冲程提前喷油，有利于燃油在整个燃烧室内均匀扩散，点火时前易形成均质混合气。

　　汽油缸内直喷是指将汽油直接喷入燃烧室内进行燃烧的技术，它综合了压燃式发动机与点燃式发动机的优点。如图 3-10 所示，通过燃油的缸内直接喷射、高喷射压力和控制缸内气流运动等方式实现了缸内的稀薄燃烧，而气缸内燃油的蒸发又使得混合气温度降低，从而降低了爆燃倾向。缸内直喷发动机无论在燃油经济性还是在降低排放等方面都表现出比进气道喷射发动机更大的发展潜力。

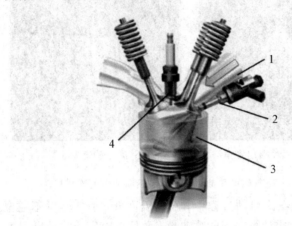

1—进气管；2—喷油器；3—气缸；4—火花塞
图 3-10　汽油缸内直接喷射系统

　　在大负荷时，燃油在进气行程中喷入，能够实现均质混合燃烧（$\phi a \approx 1$）。在中小负荷时，燃油在压缩行程后期喷入，通过油束、气流和燃烧室形状的配合形成浓度分层的混合气，燃用稀混合气，实现分层燃烧。但是，稀燃时在富氧条件下生成的 NO_x 难以用传统的三效催化转化器消除，因此，目前在市场上销售的缸内直喷汽油机除了两种型号仍然采用喷雾导向的分层燃烧系统外，其他型号直喷式汽油机均采用均匀混合燃烧。燃用化学计量空燃比的混合气并采用三效催化转化器。这样一方面采用直喷提高了发动机的热效率，另一方面又避免了采用分层燃烧时排气中氮氧化物在富氧条件下的后处理难题，也避免了在采用分层燃烧时由于混合气浓度分布不理想，在过浓混合区易生成碳烟及在过稀混合区易生成碳氢等问题。

　　为了满足不同负荷燃烧与排放性能要求，缸内直喷汽油机要求喷油器有较高雾化水平，主要有空气辅助喷油器和高压旋流喷油器两种，保证快速地形成良好的混合气。按照不同负荷区域，应用不同的燃烧模式。部分负荷时在压缩上止点喷射，全负荷时在进气上止点后喷射，喷射压力为 5～12 MPa，油滴的 SMD 一般小于 25 μm，喷油器要有较高的动态响应，实现多种燃烧模式切换。

　　空气辅助喷油器主要是利用空气的辅助作用，以较大锥角的中空结构形式喷入气缸，如图 3-11(a) 所示，喷雾锥角主要取决于喷油压力和缸内背压。高压旋流喷油器可以将油束的一部分动能转化为水平旋转动能，油束贯穿度低，可以避免油束碰壁，可以提供不同负荷区所需要的喷雾形状。中空扩散型的喷雾形状适合均质混合燃烧；紧凑型的喷雾形状适合分层燃烧。图 3-11(b) 为高压旋流喷油器的喷雾特性。

　　缸内直喷汽油机与进气道喷射汽油机燃油系统相比，具有以下特点：

　　(1) 大负荷或全负荷工况时，缸内直喷汽油机在进气行程中将燃油喷入燃烧室，由于油束的移动速度小于活塞的下行速度，使得油束周围的压力较低，燃油迅速扩散蒸发，进而形成均质燃烧混合气。

（2）缸内直喷汽油机的燃油系统可以依据汽油机的运行状况，通过改变喷油正时、喷射次数进行均质燃烧、分层燃烧模式之间的切换。

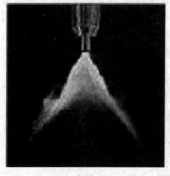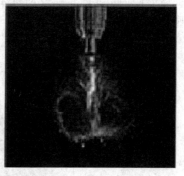

(a)缸内直喷喷射锥角　　　　　(b)高压旋流喷油器

图 3-11　空气辅助喷油器和高压旋流喷油器的喷雾特性

（3）进气道喷射汽油机在冷启动过程中，缸内温度低，油气蒸发不完全，致使实际喷油量远远超过了按理论空燃比计算得到的喷油量，而且在冷启动时易出现失火或不完全燃烧现象，使 HC 排放增加。缸内直喷技术汽油机可以精确地控制每个循环的空气与燃油比例，结合分层燃烧直接启动技术，可以降低冷启动时的 HC 排放，瞬态响应好。

（4）缸内直喷汽油机采用质调节，根据各缸的实际需求进行燃油喷射，可减少各缸之间的差异，提高各缸均匀性，一般与进气道喷射汽油机相比，缸内直喷汽油机的各缸均匀性可以控制在 3% 以内。

第 2 节　电控系统开发与标定

随着我国推出相当于欧Ⅲ标准的新机动车污染物排放控制标准，采用电子控制高压燃油喷射技术是内燃机发展的必由之路。新技术的应用，带来了喷射控制精度和喷射灵活性的大幅度提高，但同时也在燃烧系统优化和电控系统标定上带来了新问题。大量的原本依赖机械结构决定的控制参数，在新的控制系统下必须通过标定来确定。如何匹配标定成为电控柴油机能否发挥极致性能的关键。如何在尽可能短的时间内以尽可能低的成本标定出最佳的发动机性能，成为电控柴油机的核心技术。

1. 基于试验的电控系统标定

基于试验的电控系统标定方法是在面对"一般复杂"电控系统标定时所采用的方法。这里所说的一般复杂电控系统主要指可满足欧Ⅲ排放、主要标定参数为 1～2 个（如喷油定时、EGR）的时间控制式电控系统。该方法包括经验的建立（知识）、Base MAP 的生成、匹配实验和简单优化计算五个方面。

1）经验（知识）

经验是电控系统标定的基础。

2）BaseEngine

电控系统的标定总是在已有（或类似）发动机基础上进行，因此，原发动机的相关工作参数可作为新发动机电控系统的基础数据。

3）Base MAP

电控发动机性能标定的第 1 步是实现发动机的正常运转，这时需要有一个可供 ECU 使用的初始 MAP（Base MAP）。对发动机排量、缸数都不同于以往的新的电控发动机标定，Base MAP 指参照其他发动机，或根据理论和经验设计的新 MAP。对在已有电控发动机上进行的新标定，Base MAP 指基型发动机 MAP。

4）匹配试验

对影响发动机排放的控制 MAP，选择合适的实验设计方法确定实验工况，通过改变电控系统的控制参数进行发动机台架实验，匹配实验要求最大可能性地包含最佳匹配，以便于控制参数的优化。对发动机的启动、怠速控制、瞬态过程及压力温度修正，通过实验进行标定。

5）优化计算

借助优化计算，对上述匹配实验数据在控制参数空间上进行寻优。

2. 电控系统标定对象

1）标定的工况条件

电控柴油机的开发以满足排放法规为前提，匹配标定围绕所适用的法规和测试循环进行。因此，为进行匹配标定，必先确定匹配标定在哪些工况下进行。对应于不同的排放标准，都有相应的测试方法，包括测试设备和实验工况循环。测试循环按照发动机或整车的工作状态分为两种：稳态测试循环和瞬态测试循环，如图 3-12 所示。在欧Ⅲ法规中，对轻型商用车和轿车等道路车辆，采用整车 15 工况 600 秒瞬态测试循环，排放限值的单位是 g/km；对中重型商用车，按重型柴油机归类，采用 13 工况发动机稳态测试循环或瞬态测试循环，单位是 g/(kW·h)。

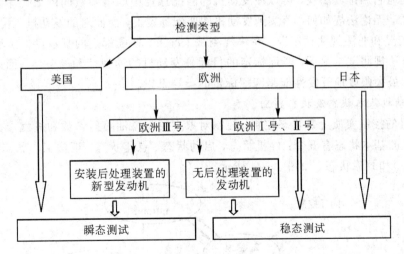

图 3-12　重型柴油机测试循环分类

瞬态测试需要底盘测功机和瞬态测试设备，试验成本比较高，而在发动机的开发阶段总是首先解决稳态性能问题，即发动机的最大能力问题，因此，国际上一般采用将瞬态测试循环转换到自定义稳态测试循环的方法来进行标定。通过这种转换，就把瞬态工况下的标定转化为稳态工况下的标定。尤其对重型柴油机，匹配标定基本通过稳态标定完成。

在对发动机进行匹配标定时，测试循环既是法规对燃烧系统性能和控制参数标定结果进行综合评价的约束手段，也是开发者面向排放进行匹配标定时可以利用的工具。在实施电控以后，发动机的特性曲线可以根据需要任意标定，因此，在燃烧系统（进排气系统、喷油系统、燃烧室）确定的情况下，为了满足某些特殊需要，可以通过调整发动机外特性曲线上部分工况点的转矩设定来改变法规测试工况点。

以重型柴油机 13 工况测试循环为例，假设所设计的燃烧系统在低速工况下的排放需要改善而又没有其他更好的手段，这时可以适当降低低速转矩，以提高外特性线上 50% 功率点转速的位置，从而使 A、B、C 三个转速向高转速方向移动，如图 3-13 中细虚线所示，使排放控制区域离开所不希望的低速区。

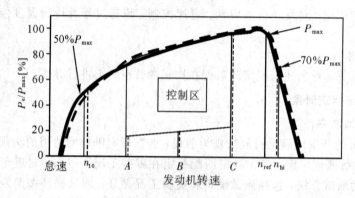

图 3-13　重型柴油机 13 工况测试循环

引申开来，如果要求目标发动机有尽可能高的低速转矩，则控制转速的下边界 n_{10} 减小，13 工况覆盖区域向低转速方向移动。这时，优化匹配的重点将会集中在低速大负荷工况上。合理地利用排放法规，可以在发动机的匹配标定中取得参数间的最佳平衡。从另外一个角度看，无论法规如何，落实到发动机的匹配标定上，所面对的发动机工况只有两种：法规测试工况和非法规测试工况。在法规测试工况下，匹配标定的基本目标是满足排放法规，而在非法规测试工况下，匹配标定的目标是发动机的动力性和经济性。因此，合理地利用法规，最大限度地开发性能是匹配标定的指导思想。

2）发动机基本状态及状态判别

发动机的控制实质上是状态控制，控制对象主要是燃油喷射参数和进气参数。归结起来，发动机的基本状态有五个：停机状态、启动状态、怠速状态、正常工作状态（传统上称为调速状态）和故障状态，如图 3-14 所示。

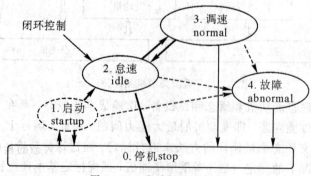

图 3-14　发动机基本状态

（1）停机状态。电控发动机的停机状态有三种情况：电控系统未加电；电控系统加电但未启动发动机管理循环（电控系统处于待机状态）；启动了管理循环但未满足喷射条件。停机状态是发动机的基本状态，该状态下电控系统的主要动作是系统初始化和发动机状态数据的存取，其主要标志是管理程序没有对喷油器及其他执行器发出喷射或动作指令。进入停机状态之前的发动机可以是其他四种状态，但在停机状态下可进行的操作只有启动发动机和进行故障诊断。

（2）启动状态。启动状态是发动机从停机到怠速运转的过渡状态，也是一个典型的瞬态过程。它是发动机从停机到正常工作必须经过的一个状态。其判据是：① 发动机上一状态为停机；② 发动机转速 $\geq n_0$；③ 无其他故障。其中，n_0 是发动机能够运转的最低转速，与发动机缸数、缸径、摩擦与传热、燃油喷射系统类型等参数有关，一般设定 $n_0 = 100 \sim 120$ r/min。进入启动状态，发动机即开始正常的管理循环，喷油器、油压控制阀、EGR 阀和 VNT 等执行器将按照预定 MAP 进行工作。启动过程标定主要围绕两个指标进行：冷启动时间和启动过程中的排烟（蓝烟和白烟）。需要标定的主要参数有最低启动转速 n_0、初始循环喷油量、喷射压力控制参数 PID 等。

（3）怠速状态。怠速状态是采用转速闭环控制的发动机状态。进入怠速状态的判据是：① $n_{idlein} \leq$ 发动机转速 $< V/n_{idleout}$；② 加速踏板位置 $<$ pedal0；③ 加速踏板位置怠速开关"ON"；④ 无其他故障。其中，n_{idlein} 和 $n_{idleout}$ 分别表示进入和离开怠速控制的转速边界，与发动机目标怠速和上一个状态的发动机转速有关，通过发动机和整车实验标定确定。一般来讲，目标怠速为 650 r/min 时，$n_{idlein} = 250 \sim 350$ r/min，$n_{idleout} = 700 \sim 750$ r/min。pedal0 是加速踏板位置传感器标定时怠速位置的阈值，在怠速开关 OFF 且加速踏板位置信号高于此阈值时，认为发动机开始进入正常工作状态。一般设定 pedal0 $< 5\%$。需要标定的参数有目标怠速随水温变化 MAP、进入怠速控制的转速阈值、加速踏板位置传感器位置 MAP、喷射压力控制 PID 参数 MAP、怠速转速控制 PID 参数 MAP 等。

（4）调速状态。调速状态是发动机正常对外做功的状态，其状态控制通过一系列的 MAP 完成，也是面向排放的电控系统标定的主要对象。需要标定的主要参数有喷油量 MAP、喷油定时 MAP、喷射压力 MAP、PID 参数 MAP、各种温度/压力修正 MAP 以及各种限值 MAP 等。

（5）故障状态。故障状态也叫故障模式。针对不同的发动机故障级别，有不同的处置策略，主要有停机和保护两种模式。对停机模式，发动机回到自然停机状态；对保护模式，发动机则可能处于启动、怠速和调速三者中的任一带故障运行状态，这种状态下发动机的性能和排放将因控制参数受限而处于非正常状态。发动机的故障诊断是电控技术的核心技术之一。因控制系统的控制策略不同，对故障的判定准则也不同，必须通过细致的标定来完成，以防止不报警和报错警。对同一控制原理的电控系统，故障的基本类型大同小异。以采用喷射压力控制方式的 6 缸高压共轨柴油机为例，典型的故障类型有 42 个。需要标定的主要参数是表中各种故障的阈值或条件。

发动机总是随时在五个基本状态间转换，其转换操作由程序中设置的发动机状态位控制，在发动机的每一个管理循环中，程序都将按序进行发动机状态的检测和置位，从而保证传感器、ECU 和执行器之间保持正确的配合关系。

3）电控系统标定流程

具体试验标定流程因电控系统制造商或控制策略的差异而不同。这里主要介绍高压共轨燃油系统的标定流程。

（1）驱动油量（DRVQ）MAP。

驱动油量 MAP 是所有电控系统中必不可少的 MAP，也是各种控制体系中的基础 MAP，它是转速和加速踏板位置的函数，是唯一直接反映驾驶者驾驶感受的 MAP，是发动机标定的基础，其标定目标取决于整车需求。有三种输出：控制脉宽、喷油量、转矩，分别对应于基于加速踏板位置和脉宽的控制、基于油量的控制和基于转矩的控制。

驱动油量 MAP 的标定涉及两部分：外特性线的标定和内部等加速踏板位置线的设计。外特性线的标定与发动机的结构设计和主要配置有关，需要考虑其缸内最大爆发压力限制、平均活塞速度限制、冒烟界限、涡轮前排气温度限制等因素，参考 BaseEngine 的设计来设定。在生成 Base MAP 时，关键是启动油量 A、最大喷油量 B、停止喷油最高转速 C 和 0％加速踏板位置线上起始喷油转速 D 等四个点，如图 3 - 15 所示，然后设计等加速踏板位置线的分布和每条线的斜率。

因整车需求不同，等加速踏板位置线主要有三种设计：① 强调均衡驾驶感受、具有较好跟车能力的加速踏板位置均布设计；② 强调大负荷下驾驶感受的下密上疏设计；③ 强调低速加速能力的下疏上密设计。

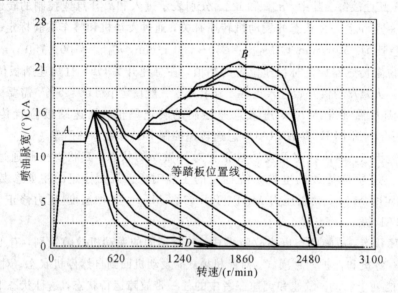

图 3 - 15　驱动油量 MAP 标定

等加速踏板位置线均布设计的特点是，大部分常用工况下加速踏板位置线大致均布，中等负荷区域近似直线且大致平行。该标定主要面向中型卡车及客车城郊运行模式下的应用。驾驶感受是起步柔和、持续加速能力强、具有突出的跟车能力，脚下感觉均衡。

等加速踏板位置线下密上疏设计，对柴油机-电机混合动力系统而言，在小负荷区域主要利用电机的大转矩驱动能力，在大负荷区域，利用发动机的高功率。图 3 - 16 是 1.3 L 排量面向混合动力小客车应用的基于油量控制的共轨柴油机标定结果。该标定强调高速和大负荷时的应用，在非混合动力柴油机上强调起步柔和和高速超车能力好。

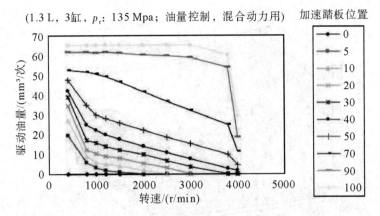

图 3-16　等加速踏板位置线下密上疏设计

　　等加速踏板位置线下疏上密设计，对运动型多用途轿车等强调低速加速能力的标定对象，驱动油量 MAP 的标定采用下疏上密设计，这样可以使发动机的转矩输出对小油门（加速踏板）位置时的变化很敏感。图 3-17 是实测的某欧洲产多功能越野吉普车（SUV）的油门分布。

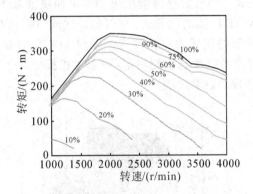

图 3-17　等加速踏板位置线下疏上密设计

　　（2）喷油定时（TIMING/STARTM）MAP。

　　喷油定时 MAP 的标定是面向排放的电控系统标定的主要对象之一。它不仅影响 NO_x 和颗粒物排放，还影响发动机的动力性和经济性。喷油定时的标定首先着眼于发动机的动力性和经济性，即满足"非法规测试工况"这一发动机基本工况对动力性和经济性的需求，然后在法规测试工况进行面向排放的优化，从而实现既满足排放要求又具有良好经济性的双重最佳。

　　喷油定时定义为发动机转速和喷油量的函数。喷油定时主要受转速影响，随转速升高而明显增大，随负荷增大而略微增大；在低速区，喷油定时主要受负荷影响，负荷增大，喷油定时提前量也增大。视燃烧室和喷油器的相对位置关系不同，提前量有最大值限制，以防止燃油大量喷到缸壁上。主喷射的提前量不大于 30°曲轴转角、不小于 0°。在完成排放控制工况点上的喷油定时标定后，应保证发动机实际执行的喷油定时没有剧烈跳动。喷油定时 MAP 标定如图 3-18 所示。

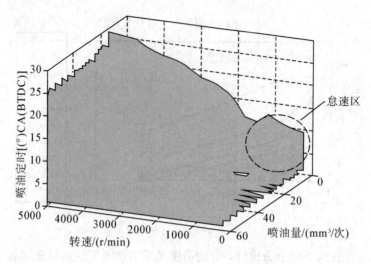

图 3 - 18　喷油定时 MAP 标定

（3）冒烟限制（SMOKE）MAP。

冒烟限制 MAP 主要体现瞬态空燃比控制，用于建立喷油量和空气量之间的联系。尤其在增压发动机上，利用此 MAP 防止因增压压力突降而喷油量不变带来的冒黑烟问题。基于不同控制策略，该 MAP 以喷油量形式、空气量形式或空燃比形式体现。图 3 - 19 为以空燃比形式体现的由转速和增压压力定义的冒烟限制 MAP。冒烟限制 MAP 主要在整车标定中应用，如在进行起步换挡加速性能标定（瞬态过程标定）时，主要通过调整该 MAP 限制因增压器响应迟钝造成的燃油过浓。

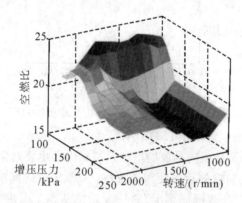

图 3 - 19　冒烟限制（SMOKE）MAP

（4）喷射压力 MAP。

对共轨系统来说，喷射压力 MAP 也是优化发动机性能的 MAP 之一，定义为转速和油量的函数。转速越高，相同喷油脉宽下曲轴转角越大，发动机循环效率越低，为此，必须提高喷射压力以减小喷油脉宽。在低转速和小油量方向上，为尽可能降低燃烧初始阶段的放热率，喷射压力越低越好。但受喷油器液力特性限制，最低喷射压力只能低到大约 20～25 MPa。MAP 中的油轨压力变化梯度受油泵供油能力和油轨压力响应速度限制，与燃油喷射系统的液力特性和流通特性有关，同时影响发动机的机械噪声、燃油喷射系统的总体效率和可靠性，一般不需要用户标定，但在设置轨压变化梯度时需要防止轨压变化过快。图 3 - 20 为额定油轨压力 135 MPa 的共轨系统在 1.3 L 排量发动机上应用时的轨压 MAP。

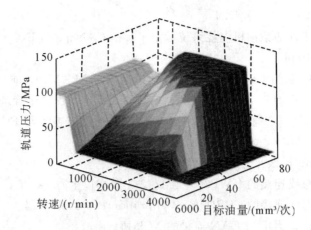

图 3-20　共轨压力 MAP 标定

（5）预喷射量（PILOTQ）MAP。

在 Base MAP 制作过程中首先屏蔽预喷射功能，在单次喷射条件下进行燃烧系统的优化匹配。在开启预喷射功能条件下，有以下基本考虑：

喷油速率不可调的高压共轨系统是典型的矩形喷射，为实现理想的先缓后急喷油规律（即三角形喷射或靴形喷射），采用合适的预喷射可与主喷射共同组成类似三角形的喷射。喷油器响应速度越快、喷射压力越高，越需要通过预喷射或多次喷射抑制燃烧初期的放热速率。共轨系统采用预喷射是弥补矩形喷射不足的基本手段。因此，预喷射 MAP 的设计主要集中在预喷射量的大小上，一般定义为转速和目标总油量的函数。基本原则是，较小的预喷射量有利于降低 NO_x（如果从极端角度考虑，较大的预喷射意味着预喷射的放热量占总放热量的比例较大，也就相当于一个有很大喷油定时的单次喷射，其 NO_x 排放量必然增加）。预喷射量根据所用喷油器最小稳定喷油量的 1.2～2 倍作为 Base MAP 的基点（怠速），在全工况下保持不变或随转速增加略有增大。

面向排放的电控系统标定，预喷射量的标定一般不是重点，但当喷射压力很高、喷油器响应很快时，就必须采用多次喷射来抑制过快的初始放热率。图 3-21 为共轨系统的理想喷射示意图。

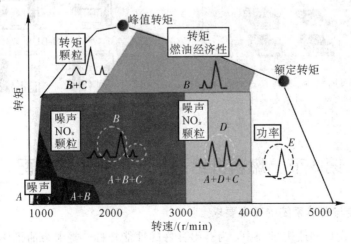

图 3-21　共轨系统理想的多次喷射

4）ECU 标定工具

目前比较有代表性的柴油机电控系统标定工具是 CANape 和 INCA。

（1）CANape Graph。

CANape Graph 是德国 Vector 公司制作的遵循 ASAM－MCD（前身为 ASAP）协议的 ECU 测试和标定软件，具有 FLASH 编程、控制参数标定、数据库管理、在线评估、离线评估、打印等功能，是一个通用的 ECU 标定工具。它通过转换器与 ECU 进行通信，支持以下几种通信协议：

- 通过 K－1ine（K 线）连接的 KWP2000 协议
- 通过 CAN 总线连接的 KWP2000 协议（3.1 版本以上）
- 通过 CAN 总线连接的 CCP（CAN Calibration Protocol）协议
- 通过 TCP/IP、UDP 或 CAN 连接的 XCP 协议

（2）INCA（Integrated Calibration and Acquisition System）。

INCA 是美国 ETAS 公司开发的通用电控柴油机标定工具，如图 3－22 所示，包括安装了 INCA 应用程序的 PC 和连接 PC 与 ECU 的转换器两个主要硬件。INCA 软件遵循国际 ASAM－MCD 标准构建标定程序和与 ECU 进行交换的数据格式，主要功能和CANape 基本相同。根据使用的转换器型号不同，INCA 支持的转换器与 ECU 之间的通信协议有串口 K 线连接的 KWP2000 协议、CAN 总线连接的 CCP 协议和 KWP2000 协议，通过 ETK 并口接口板与 ECU 连接。

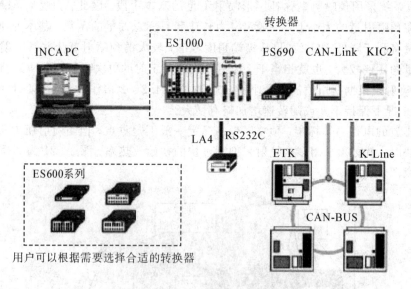

图 3－22　INCA 硬件结构

第 3 节　燃料供给系统与内燃机的匹配

1. 燃料供给与调节系统的基本要求

现代柴油机设计和改进过程中，为获得良好的性能指标，要求柴油机燃料供给与调节系统能在品质（高压喷雾与喷油规律）、数量（油量精确控制）、时间（喷油始点与持续期）和

可靠性方面均能满足与整机匹配的要求，保证柴油机在达到动力性能指标与可靠性的前提下，满足对其在节能（经济性）与环保（排放、噪声）指标方面日益严格的要求。

对于柴油机燃料供给与调节系统有以下基本要求：

（1）能产生足够高的喷射压力，以保证燃油良好的雾化、混合气形成与燃烧，燃料油束应与燃烧室形状及缸内气流运动相匹配，以保证燃油与空气的混合尽可能均匀。

（2）对应柴油机每一工况能精确、及时地控制每循环喷入气缸的燃油量，各循环和各缸的喷油量应当均匀。

（3）在柴油机运转的整个工况范围内，尽可能保持最佳的喷油时刻、喷油持续期与理想的喷油规律。

（4）喷雾特性要好，油束贯穿度、喷雾锥角、喷雾粒径及其分布要适当，喷雾油束要与燃烧室形状和燃烧室中的空气运动相匹配。

（5）车用柴油机为适应动态排放和性能要求，燃料供给系统瞬态响应性能要好，对排放要求严格、带后处理的柴油机，燃料供给系统的性能应能满足排气再循环（EGR）及后处理的要求。

（6）结构紧凑，成本低，在柴油机上的安装、布置方便。应当指出，燃料供给系统价格及其在柴油机上的布置（影响气缸盖和传动系统的设计等）对整机的成本也有很大影响。

（7）能保证柴油机安全、可靠地工作（如防止柴油机超速等现象的发生）。

2. 柴油机的本体设计要求

为了获得良好的性能指标，满足日益严格的排放法规，柴油机在设计和改进过程中需要满足：

（1）结构设计与布置紧凑、重量轻、动力性好。移动式机械配套动力要求扭矩储备大、低速扭矩大、扭矩特性曲线形状理想，加速性好；固定式动力要有一定的功率储备。

（2）热效率高、经济性好。对固定式动力不仅要求标定工况的燃油消耗率低，还要考核部分负荷的燃油经济性；对移动式动力除了要考核全负荷速度特性的最低燃油消耗率，还要求柴油机常用工况的经济性好。

（3）有害排放物低。包括气体排放物 NO_x、HC、CO 和微粒排放、柴油机稳态烟度和瞬态加速减速烟度等指标，其值必须按柴油机用途满足相关排放标准或法规的要求。

（4）振动和噪声低，配套机械的舒适性好，可靠性和耐久性好。

3. 柴油机燃料供给系统的性能要求

（1）具备足够的工作能力，包括与柴油机配对的缸数、满足单缸功率需要的循环喷油量、最高工作转速及最高喷射压力等。

（2）能够精确计量和控制循环喷油量，以满足柴油机全负荷扭矩特性对循环喷油量的要求，有足够的启动油量，通过匹配来降低柴油机的稳态烟度和瞬态烟度，燃料供给系统的最小稳定喷油量要小于柴油机的最低怠速喷油量，控制喷油量的循环波动和多缸柴油机各缸喷油量差异，改变循环喷油的机构需要控制灵活，操作方便，工作安全可靠。

（3）喷油时刻要准确、稳定且可根据负荷、转速灵活调整，要有合适的喷油持续时间，有较高的喷油压力和足够的喷油速率，以充分利用喷射能量来促进混合气形成与燃烧，降低燃油消耗率，减少排放污染物形成。

（4）喷雾特性要好，油束贯穿度、喷雾锥角、喷雾粒径及其分布要适当，喷雾油束要与燃烧室形状和燃烧室中的空气运动相匹配。

（5）车用柴油机为适应动态排放和性能要求，燃料供给系统瞬态响应性能要好，要满足排气再循环及后处理的要求。

4. 系统匹配的技术步骤

柴油机燃料供给系统的匹配工作一般遵循以下步骤和要求：

（1）综合分析对柴油机结构、动力性、经济性、可靠性及安全性、排放和噪声法规或标准限值以及使用性能要求等，对燃料供给系统进行基本选型，确定燃料供给系统的初步方案（种类、结构形式等）。

（2）在燃料供给与调节系统的形式和型号确定后，需要对其匹配的主要参数做出设计计算，确定匹配方案。

（3）燃料供给系统性能的模拟计算。燃料供给系统性能的模拟计算是根据上述初步计算后求得的参数，用自主开发的燃料供给系统喷油过程的计算程序或某些商用软件进行模拟计算研究，得出喷油特性（喷射压力、喷油规律、喷油时间和针阀升程等参数）计算结果，并进行参数的分析、对比，以优化所选取的系统参数。

（4）燃料供给系统试样的调试。试制的样品零件经检验合格并装配完成后，需要在喷油泵试验台上进行调试，对喷油器开启压力、喷雾角度、雾化质量进行检查，

（5）燃料供给系统与柴油机在试验台上的实机匹配试验。在柴油机试验台上进行实机试验，是对燃料供给系统与柴油机匹配方案好坏的最直接评价。试验中一般先进行喷油（供油）提前角调整试验，再进行喷油器的参数，如开启压力、喷孔直径、喷孔数及油嘴伸出高度等的匹配试验，再对供油端参数，如机械式喷油泵的预行程、柱塞直径及凸轮轴等进行调整试验。

复习思考题

1. 简述高压共轨柴油机燃油喷射系统的组成及功能。
2. 简述电控系统开发与标定的工况条件。
3. 简述高压共轨柴油机燃油系统标定的基本流程。
4. 查阅相关文献，简述国内外柴油机电控燃油系统发展的技术前沿。
5. 查阅相关文献，简述国内外汽油机电控燃油系统发展的技术前沿。

第四章　内燃机混合气形成与燃烧过程

【学习目标】

通过本章的学习，学生应了解柴油机和汽油机的基本燃烧模式，掌握其混合气形成过程，掌握燃烧过程的计算和分析方法，熟练进行放热规律的推导计算，掌握内燃机燃料与燃烧化学的基础知识。

【导入案例】

2016年9月，杭州G20峰会期间，美国总统奥巴马的专车（陆军一号）曾到杭州某加油站加油，如图4-1所示。最让加油站员工惊奇的是一辆车有两个油箱，分别加了98号汽油和0号柴油，这真是前所未闻，难道这辆车有两个发动机？

请大家思考，为何同一辆汽车可以同时使用柴油和汽油两种燃料？

图4-1　美国总统奥巴马的车队在加油

第1节　燃　烧　模　式

一、柴油机的燃烧模式

1. 传统燃烧模式

柴油在活塞运行将近至压缩上止点时喷入气缸，此时，缸内空气温度高于燃油的自燃温度。然而，喷入气缸的燃油并不能立刻着火，燃油需要被加热并与空气混合后才能达到着火条件。从喷油到着火之间的延迟被称为滞燃期。在滞燃期内，油滴开始蒸发并与空气混合，形成了预混合充量，该部分燃油的燃烧表现为快速的放热过程，为预混合燃烧。图4-2为传统柴油机燃烧模式示意图。传统柴油机燃烧模式的滞燃期较短，大部分燃油在着火后喷入气缸，这部分燃油的燃烧主要受控于燃油与空气的混合速率，燃烧速度较慢，为扩散燃烧。预混合燃烧取决于燃油与空气在滞燃期内的油气混合情况，主要受喷油压力、喷油时刻、缸内涡流和燃油特性的影响。在扩散燃烧阶段，燃烧较缓慢，需要促进混合速率以避免不完全燃烧。传统柴油机燃烧特征决定了碳烟排放和 NO_x 排放之间存在此消彼长的关系。如果提高预混合燃烧的比例，会减少扩散燃烧，降低碳烟颗粒的生成，但是会升高燃烧温度，增加 NO_x 排放。反之，降低预混合燃烧比例，则会减少 NO_x 排放，增加碳烟排放。

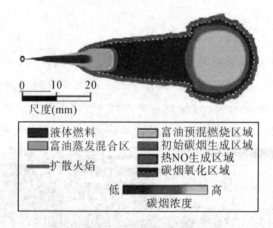

图4-2 传统柴油机燃烧模式示意图

2. 均质充量压燃方式

均质充量压燃（HCCI）是指在进气冲程形成均质的油气充量，在上止点附近压缩着火，是一种结合柴油机和汽油机各自优点的新型燃烧方式。该燃烧方式消除了缸内局部富油缺氧区域，抑制了碳烟颗粒的生成，并且由于均质充量，燃烧温度低于 NO 生成温度，消除了 NO 排放。HCCI 燃烧模式在碳烟和 NO_x 排放上的优势，使其成为柴油机控制这两种排放物的一种有效手段。但是其应用还存在一些问题和挑战：

（1）在柴油机上实现 HCCI 燃烧，燃油需在进气道喷射或缸内早喷以实现均匀的油气充量。但是柴油挥发性低，进气道喷射的策略需要辅以进气加热促进柴油挥发。缸内早喷的方式需要改用窄角喷油器以避免燃油湿壁。

（2）HCCI 燃烧模式的着火过程受化学反应动力学控制，如何在各种工况下优化控制着火时刻是面临的最大问题。

（3）该模式在中低负荷下运转良好，大负荷运行受限。随着负荷增加，燃烧放热加快，缸内压力升高率增大，容易导致爆燃和机械损坏。

（4）该模式下柴油机的不完全燃烧产物增加。燃烧方式的燃烧温度较低，在缸内缝隙区与冷壁区生成了大量的 CO 和 HC 排放。

3. 低温燃烧模式

柴油机低温燃烧（Low Temperature Com-bustion，LTC）模式是在 HCCI 和 PCCI 等燃

烧方式的基础上进一步发展而来的。低温燃烧是通过控制燃烧温度和燃空当量比,从根本上抑制 NO_x 和碳烟生成,当燃烧温度低于临界温度时,基本上不会产生 NO_x 和碳烟排放,同时使发动机在更宽的负荷范围内实现高效清洁燃烧。LTC 模式也可以通过 EGR 或可变压缩比及可变进、排气门正时等方法来降低缸内平均温度和延长滞燃期,同时配合较高的喷油压力,以改善燃油和空气之间的雾化和混合过程,并且使燃油处于当量比小于 2 的范围,达到同时减少 NO_x 和碳烟排放的目的。LTC 方式具有较为广泛的适用范围,学术界和工业界对其开展了大量的研究。图 4-3 为低温燃烧模式与传统燃烧模式的对比。可以看出,传统柴油燃烧模式涵盖了碳烟颗粒生成的高当量比区和生成的高温区。如果燃烧发生在 2200 K 以下,就可以避免 NO_x 的生成;如果燃烧发生在当量比低于 2 或温度低于 1600 K 的区域,就可以避免碳烟颗粒的生成。低温燃烧因具有同时降低碳烟和 NO_x 这两种排放物的潜力而备受关注。

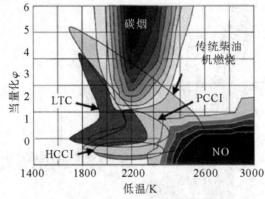

图 4-3 低温燃烧模式与其他燃烧模式的对比

二、汽油机的燃烧模式

传统的汽油机采用进气道预混合,进气充量均匀,火花塞点火着火,并通过调节节气门开度大小控制进入气缸的混合气量,从而改变发动机负荷大小。它的优点是基本无碳烟,可以通过三效催化有效地降低 CO、HC 和 NO_x 排放;缺点是为了限制爆燃必须采用低的压缩比(7~12),气量调节导致泵气损失大,机械效率低,热效率低,经济性差,CO 和 HC 排放高。为此,21 世纪初期国际上出现了一种新的燃烧理论——均质充量压燃(HCCI),如图 4-4 所示。其目的是结合汽油机和柴油机的优点,其主要特征是均质、多点

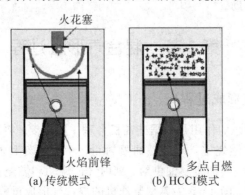

(a) 传统模式　　　　(b) HCCI模式

图 4-4 传统汽油机燃烧模式与 HCCI 模式的对比

自燃、低温燃烧，具有传统火花点火汽油机的均质混合特质和传统压燃柴油机的高效率。通过协同控制反应物混合速率、温度和压力，实现燃料燃烧化学反应过程控制，极大提高热效率，降低有害污染物生成。理想 HCCI 燃烧可以很好地解决传统火花点火发动机压缩比过低、泵吸损失大、燃烧放热等容度低、NO_x 生成多、循环波动等问题。

　　缸内直喷(GDI)技术是直接将燃油喷入气缸内与进气混合的技术，如图 4-5 所示。缸内直喷模式的优点是油耗量低，升功率大，压缩比高达 12，与同排量的一般发动机相比功率与扭矩都提高了 10%。GDI 技术目前的劣势是零组件复杂，而且价格较贵。由于喷射压力也进一步提高，使燃油雾化更加细致，真正实现了精准地按比例控制喷油并与进气混合，并且消除了缸外喷射的缺点。同时，喷嘴位置、喷雾形状、进气气流控制以及活塞顶形状等特别的设计，使油气能够在整个气缸内充分、均匀地混合，从而使燃油充分燃烧，能量转化效率更高。

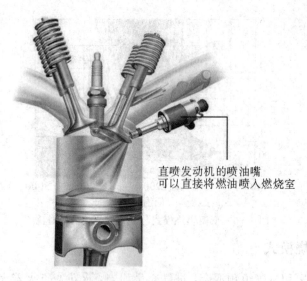

直喷发动机的喷油嘴
可以直接将燃油喷入燃烧室

图 4-5　汽油机缸内燃烧模式

　　缸内直喷式汽油发动机是将柴油机的形式移植到汽油机上的一种创举，供油系统采用缸内直喷设计的最大优势，就在于燃油是以极高压力直接注入于燃烧室中，因此除了喷油嘴的构造和位置都异于传统供油系统，在油气的雾化和混合效率上也更为优异。搭配缸内直喷技术可以使得发动机的燃烧效率大幅提升，除了发动机得以产生更大动力，对于环保和节能也都有正面的帮助。

第 2 节　混合气形成过程

一、柴油机的混合气形成过程

　　柴油机燃油供给系统的作用是根据柴油机各种工况需要，将适量的柴油在适当的时间以合理的空间形态喷入燃烧室，即对燃油喷射量、喷油时刻和油束空间形态三个方面的"量—时—空"综合控制。柴油机燃油供给、缸内气体流动和燃烧室形状对混合气的形成和燃烧过程具有重要影响。图 4-6 为典型柴油机的混合气形成过程。

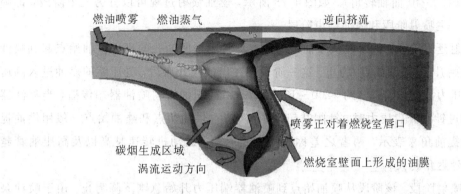

燃油喷雾　　燃油蒸气　　　　　　　　逆向挤流

喷雾正对着燃烧室唇口

碳烟生成区域

涡流运动方向　　　　　　　　燃烧室壁面上形成的油膜

图 4-6　典型柴油机的混合气形成过程

1. 燃油喷射系统

　　燃油喷射系统的作用是定时、定量并按照一定规律向柴油机各缸供给高压燃油，一般要求喷油泵满足以下条件：能够产生足够高的喷油压力，保证良好的雾化、混合和燃烧；能够实现所需要的喷油规律，以保证合理的燃烧放热规律和良好的综合性能；对于确定的柴油机运转工况，精确控制循环喷油量；在各种工况下避免出现异常喷射现象。喷油器的作用是将喷油泵供给的高压燃油喷入柴油机燃烧室内，使燃油雾化成微细的油粒，并按一定的要求适当分布在燃烧室内。

　　图 4-7 为目前广泛应用的高压共轨燃油系统。

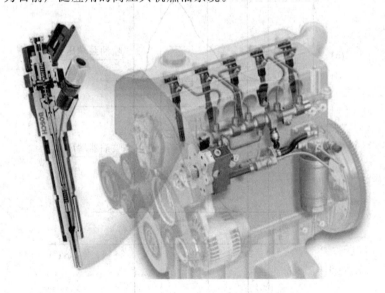

图 4-7　高压共轨燃油系统

2. 燃油喷射过程

　　燃油喷射主要有两个特性指标，即喷油特性和喷雾特性。喷油特性包括喷油开始时间、喷油持续期、喷油速率变化和喷油压力。喷雾特性包括油束贯穿距离、喷雾锥角以及油束中燃油浓度、速度和粒度的分布规律。喷射过程是从喷油泵开始供油直至喷油器停止喷油的过程（15°～40°曲轴转角）。如图 4 - 8 所示，燃油喷射过程可以分为三个阶段，即喷射延迟阶段、主喷射阶段和喷油结束阶段。

（1）喷射延迟阶段。该阶段从喷油泵的柱塞顶封闭进回油孔的理论供油始点起到喷油器的针阀开始升起（喷油始点）为止。这一阶段中在出油阀开启后，受压缩的燃油进入高压油管，产生压力波并以音速（约 1200～1300 m/s）沿高压油管向喷油器端传播，当喷油器端的压力超过针阀开启压力时，针阀升起，喷油开始。供油始点和喷油始点一般用供油提前角和喷油提前角来表示，两者之差称为喷油延迟角。发动机转速越高以及高压油管越长，则喷油延迟角越大。

（2）主喷射阶段。该阶段从喷油始点到喷油器端压力开始急剧下降为止。由于喷油泵柱塞持续供油，喷油泵端压力和喷油器端压力都保持高的水平而不下降，绝大部分燃油在这一阶段以高的喷射压力和良好的雾化质量喷入燃烧室，其持续时间取决于循环供油量和喷油速率。

（3）喷射结束阶段。该阶段从喷油器端压力开始急剧下降到针阀落座停止喷油为止。由于喷油泵的回油孔打开和出油阀减压容积的卸载作用，泵端压力带动喷油器端压力急剧下降，当喷油器端压力低于针阀开启压力时，针阀开始下降。由于喷油压力下降，燃油雾化变差，因而应尽可能缩短这一阶段，减少这一阶段的喷油量，即喷油结束阶段应干脆、迅速。

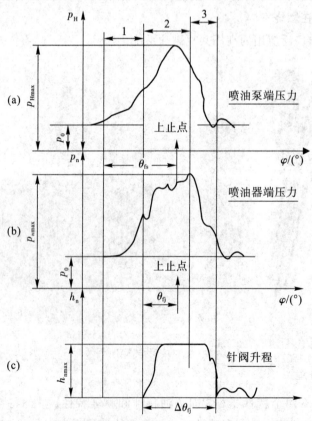

图 4 - 8　燃油喷射过程

3. 供油规律与喷油规律

供油规律是指单位时间内喷油泵的供油量随时间的变化关系，它纯粹是由喷油泵柱塞的几何尺寸和运动规律确定的。喷油规律是指单位时间内喷油器喷入燃烧室内的燃油量随时间的变化关系。两者的差异为：喷油始点滞后于供油始点，喷油持续时间较长，最大喷油速率较低，曲线的形状有一定的变化。产生差异的因素有：燃油的可压缩性、系统内产生压力波引起的相位变化和形状变化，以及高压油管的弹性变形。

喷油规律是影响燃烧过程的重要因素，其推导计算过程如下：

$$\frac{\mathrm{d}q_n}{\mathrm{d}\varphi_{PA}} = \frac{\mu A}{6 n_{PA}} \sqrt{\frac{2\Delta p}{\rho_f}} \times 10^3 \qquad (4-1)$$

式中：μ_A 为喷油器有效流通面积，是针阀升程的函数；n_{PA} 为喷油泵转速，对于确定工况是常数；Δp 为喷孔前油压（嘴端压力）与气缸内压力之差；ρ_f 为燃油密度，可作常数处理。

4. 缸内气体流动

内燃机缸内气体流动有涡流、滚流、挤流和湍流四种形式，其中，涡流、滚流、挤流的主要作用是控制油气宏观混合，湍流的作用是促进油气微观混合。

涡流是指绕气缸中心线的有规则的气流运动。涡流的种类有进气涡流和压缩涡流两种，其评价指标涡流比为涡流转速与发动机转速的比值。一般来讲，带导气屏的进气门结构简单，强度可调，涡流比为 0~4，但进气阻力大，一般用于试验发动机。切向气道是进气道与气缸切向布置以形成涡流，结构简单，涡流比为 1~2。螺旋气道是采用复杂的螺旋气道在进入气缸前形成涡流，结构复杂，但阻力小，其涡流比为 2~4。图 4-9 为产生进气涡流的形式。图 4-10 为涡流比随曲轴转角的变化情况。

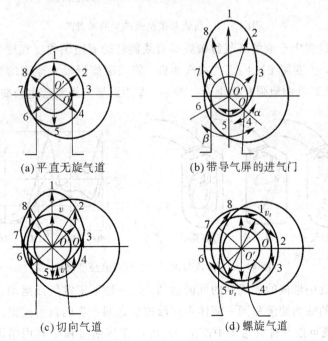

(a) 平直无旋气道　　　　　　(b) 带导气屏的进气门

(c) 切向气道　　　　　　　　(d) 螺旋气道

图 4-9　产生进气涡流的形式

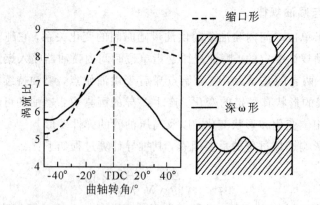

图 4 - 10　涡流比随曲轴转角的变化情况

　　挤流是在压缩行程后期，活塞表面的某一部分和气缸盖彼此靠近时所产生的径向或横向气流运动，挤流强度由挤气面积和挤气间隙的大小决定。图 4 - 11 为挤流和逆挤流产生的示意图。可以看出，压缩时空气被挤入燃烧室凹坑内形成挤流，膨胀时燃烧气体冲出凹坑形成逆挤流。挤流在汽油机上有广泛应用。

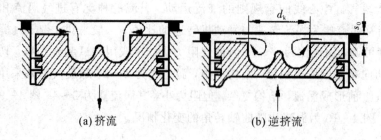

(a) 挤流　　　　　　　　　(b) 逆挤流

图 4 - 11　挤流和逆挤流产生的示意图

　　滚流是进气过程中形成的绕气缸轴线垂直线旋转的有组织的空气旋流。滚流一般都利用直进气道形成，主要用于缸内直喷式汽油机，采用滚流形成大范围的油气混合，滚流被压扁、破碎，形成高度湍流强化微混合。图 4 - 12 为滚流与涡流产生的湍流强度对比。

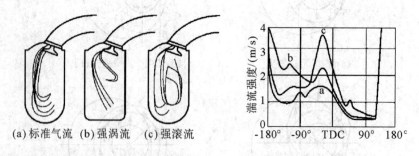

(a) 标准气流　(b) 强涡流　(c) 强滚流

图 4 - 12　滚流与涡流产生的湍流强度对比

　　湍流是在气缸中形成的无规则的气流运动，是一种不定常气流运动。湍流包括气流经过固体表面产生的壁面湍流和同一流体不同流速层之间产生的自由湍流。内燃机常见的湍流是自由湍流，既可以在进气过程中产生，也可以在压缩过程中利用燃烧室形状产生，还可以在燃烧过程中产生。

5. 混合气形成方式

柴油机的混合气形成方式可分为两大类，即空间雾化混合与壁面油膜蒸发混合。

空间雾化混合是将燃油喷射到空间进行雾化，通过燃油与空气之间的相互运动和扩散，在空间形成可燃混合气的方式。

直喷式柴油机中的混合气形成方式如图 4-13 所示。采用多孔喷油器(6～12 孔)以高压将燃油喷入燃烧室中的空气中，通过多个喷油射束均匀覆盖大部分燃烧室以及燃油的高度雾化，形成可燃混合气。混合能量主要来源于喷油射束，空气是被动参与混合的，因而是一种"油找气"的混合方式。

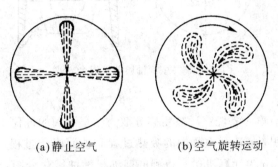

(a)静止空气　　　　　(b)空气旋转运动

图 4-13　直喷式柴油机混合气形成方式

热混合现象是在压缩上止点附近，内围的气流接近刚体旋转运动，即气流的切向速度随半径的增大而增大；而外围气流则近乎势涡运动，即气流质点保持动量守恒，切向速度随半径加大而减小。为维持稳定的圆周运动，流体质点所受气体压力总是随半径增大而增高，以利用压差来平衡圆周运动引起的离心力。在此旋流场中运动的质点，将受到离心力、压差引起的向心推力及气流对质点运动的黏性阻力的综合作用。燃烧过程高速摄影试验表明，火焰呈螺旋状向内卷吸运动。相反，若燃油过分集中在燃烧室中心区域(如喷油贯穿率不足)，由于该区域切向速度小(离心力小)，难以将燃油粒子抛向周边区域与新鲜空气混合，而是被已燃气体包围，致使火焰被"锁定"在中心区域，造成燃烧不完全，这种现象称为热锁现象。图 4-14 为热混合与热锁现象示意图。

壁面油膜蒸发混合是指燃油沿壁面顺气流喷射，在强烈的涡流作用下，在燃烧室壁面上形成一层很薄的油膜。在较低的燃烧室壁温控制下，油膜底层保持液态，表层油膜开始时以较低速度蒸发，加上喷油射束在空间的少量蒸发，形成少量可燃混合气。着火后，随着燃烧的进行，油膜受热逐层加速蒸发，使混合气形成速度和燃烧速度上升。强烈的涡流

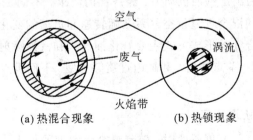

空气

废气

涡流

火焰带

(a)热混合现象　　　　　(b)热锁现象

图 4-14　热混合与热锁现象示意图

还产生热混合作用，加强已燃气体与未燃气体的分离，使新鲜空气向壁面运动，与燃油蒸气混合燃烧，而已燃气体向燃烧室中心集中，以脱离燃烧区域。图 4-15 为壁面油膜蒸发混合方式示意图。

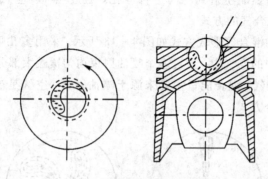

图 4-15　壁面油膜蒸发混合方式

6. 燃油雾化质量

燃油雾化是指燃油喷入燃烧室后被粉碎分散为细小液滴的过程。燃油雾化可以增加与周围空气的蒸发表面积，加速从空气中的吸热过程和油滴汽化过程，油滴越小，与空气接触表面积越大。图 4-16 为计算机仿真得到的柴油机燃油雾化云图，燃油在喷油泵中被压缩后，高压油管压力可达 20～200 MPa，速度可达 100～400 m/s，在高压紊流状态下喷入燃烧室，并被逐步分散为 2～50 μm 的液滴，大小不同的液滴组成油束。

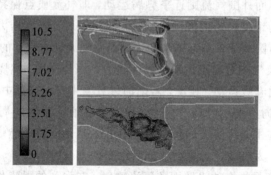

图 4-16　计算机仿真的柴油机燃油雾化云图

二、汽油机的混合气形成过程

对于汽油机而言，为满足汽油机动力、经济性的要求，不同工况时应使用不同浓度的混合气。满足这一要求的混合气过量空气系数随转速和负荷的变化关系，就是汽油机理想混合气特性。汽油机混合气的形成方式主要有化油器式和汽油喷射式两大类型。后者又分为进气道喷射（多点喷射、单点喷射）和缸内直喷等类型。下面重点介绍汽油喷射式混合气形成过程。

1. 功率混合气与经济混合气

汽油机在转速和节气门开度不变时，随着混合气浓度的加大，发动机功率会增大，但存在一个最大功率值，称为"功率混合气"，此时空气能得到充分的利用而发出最大的功率。混合气过稀则燃料量少，功率降低，过浓则燃烧不完全，燃烧速度下降，功率也下降。反之，随着过量空气系数的上升，又存在一个最低燃油消耗率，称为"经济混合气"。汽油机在全负荷运行时，希望获得更大的功率以达到最大的动力性能，此时要求供给功率混合气，而在其他负荷运行时，则应从经济性要求出发，选用经济混合气。图 4 - 17 为不同过量空气系数下汽油机混合气的调整特性。

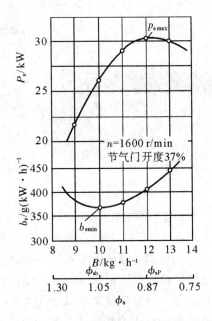

图 4 - 17 不同过量空气系数下汽油机混合气的调整特性

2. 理想混合气特性

图 4 - 18 为汽油机理想混合气全特性线族。混合气全特性是所有汽油机供油系统制备混合气的依据，在此基础上还要考虑排放、噪声等性能的综合影响，才会成为实用的混合气控制 MAP 图。特别注意的是，这只是汽油机以均匀混合气工作时的理想特性，并未包括非均匀稀燃混合气工作时的空燃比范围。

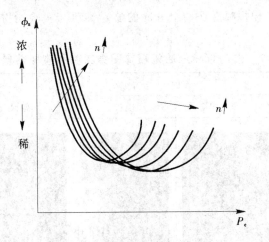

图 4 - 18 理想混合气全特性线族

3. 缸内直喷汽油机混合气的形成

在 GDI 汽油机中，燃油直接喷入气缸，在缸内经历了破碎、湍流扰动、变形、油滴间相互作用（包括碰撞与聚合）和碰壁等一系列物理变化过程，如图 4-19 所示。

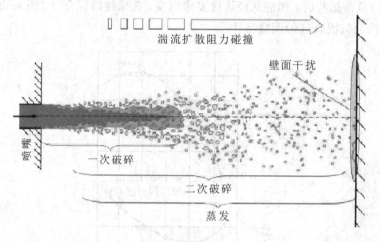

图 4-19 汽油喷雾发展过程示意图

由于气流与燃油喷雾相互作用时间短，导致点火时刻缸内混合气分布不均。同时由于喷油器布置在缸内，受缸内空间的限制，容易发生喷雾油束撞击活塞顶和缸套形成壁面油膜的现象。混合气分布不均及燃油喷雾湿壁现象会导致燃烧排放恶化，这是 GDI 汽油机为了满足排放标准必须要解决的问题。燃油喷射策略以及缸内气流运动是决定混合气分布和燃油湿壁的重要因素。虽然汽油机的缸内直喷形式与柴油机直喷相似，但是喷嘴结构和喷油压力的差异、燃油物性的差异、喷油器缸内位置的差异、进气气流组织方式的差异等，决定了 GDI 汽油机缸内喷雾和进气气流相互作用的情况与柴油机不同。

表 4-1 为缸内直喷汽油机喷雾图像实验和模拟结果的对比。可以看出，喷油时刻为 0.5 ms、1 ms 和 1.5 ms 时，在两个方向上的实验与模拟的喷雾形态都非常接近。在喷油器触发后 1.5 ms 所拍摄的图像上测量喷雾锥角，在方向一上，实验与模拟的喷雾锥角分别为 57.1°和 55.9°，误差为 2.1%；在方向二上，实验与模拟的喷雾锥角分别为 49.2°和 48.3°，误差为 1.8%。模拟喷雾在两个方向的喷雾锥角与实验测得的喷雾锥角非常相近，误差很小。

表 4-1　缸内直喷汽油机喷雾图像实验和模拟结果的对比

时间/ms	标尺	方向一		方向二	
		实验	模拟	实验	模拟
0.5	0 10 20 30 40 50 60 70 80				

时间/ms	标尺	方向一		方向二	
		实验	模拟	实验	模拟
1.0					
1.5					

4. 直喷汽油机缸内混合气速度场

图 4-20 为低滚流比和高滚流比两种模式下直喷汽油机缸内气流运动速度场的对比。可以看出，当进气门打开后，有两股较强的气流流入气缸，一股气流经排气门侧的燃烧室壁面和排气门侧的缸壁进入气缸，另一股气流直接沿进气门侧的缸壁进入气缸。在 400°CA 时，进气门开启不久，气门与气门座圈处的气流速度很高，达到 65 m/s，但此时缸内气体的速度仍较低。气门底面左端开始形成逆时针方向旋转的涡旋，气门右端靠近排气门侧开始形成顺时针方向旋转的涡旋，即双涡结构。在 400°CA 时，高滚流比与低滚流比发动机缸内气流运动基本相同。

随着活塞继续下行，到 475°CA 时，气门升程达到最大，两个涡旋更加明显。同时右侧的气流发生分离，靠近缸内的部分气流继续维持右侧涡旋。而紧靠缸壁的气流则沿着缸壁向下运动，撞击活塞顶，在活塞顶凹坑的引导下，在气缸中心靠下的位置新生成一个顺时针旋转的涡旋，使缸内形成了三个大涡并存的状态。对比此曲轴转角下两发动机缸内的气流运动可以明显地看出，在左侧壁面附近，高滚流比发动机气缸内的气流速度明显低于低滚流比发动机，而在右侧壁面和活塞顶部附近，高滚流比发动机气缸内的气流速度要明显高于低滚流比发动机。同时高滚流比发动机缸内新生成的涡旋控制范围也较低滚流比发动机更大，并且气流运动速度更快。

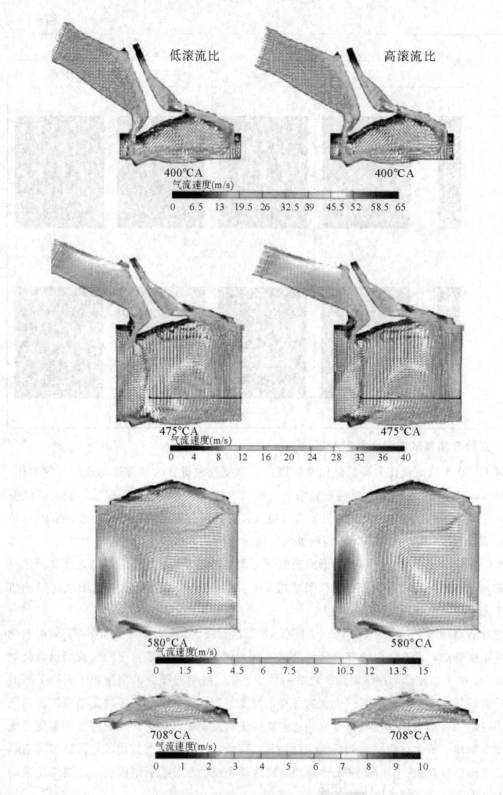

图 4 - 20　不同滚流比时缸内气体速度场的对比

　　在进气冲程后期，540°CA 时气缸下部的涡旋逐渐发展。在气缸中下部，左侧向下的气流运动已经完全消失，整个气缸三分之二的空间都由下部的涡旋所占据。上部两个涡旋已经变得很小，这是因为它们旋转方向相反，逐渐相互抵消，同时受到下部涡旋的挤压作用。对比此曲轴转角下的缸内气流运动可以看出，高滚流比发动机气缸内，右侧壁面附近以及下部涡旋的气流运动速度要明显高于低滚流比发动机。同时，还可以看出在高滚流比发动机气缸内，进气门下方的小涡旋受到的挤压作用更明显，要比低滚流比发动机内的涡旋更小。

　　随后活塞由下止点开始向上运行，由于进气延迟角的存在，压缩行程初期进气门逐渐关闭，到 580°CA 时，进气门完全关闭。涡旋随活塞向上移动，缸内气流速度逐渐减慢，整个气缸内流速分布较为均匀。缸内三个涡旋经过发展，变成了一个可与缸内尺寸相比拟的顺时针涡旋。对比此曲轴转角下缸内的气流运动可明显看出，高滚流比发动机缸内气流运动速度高于低滚流比发动机。同时还可以看出，由于高滚流比发动机缸内滚流对上部小涡旋的挤压作用更强，进气门下方的小涡旋已经完全消失。

　　随着活塞的继续上行，在蓬顶形燃烧室的导向作用下，缸内的滚流虽有变形但并未破碎，继续被压向燃烧室顶部。到了点火时刻，缸内滚流部分破碎成了小尺度的滚流和湍流，但并未完全破碎。对比图 4-20 所示点火时刻两个截面上高滚流比和低滚流比发动机缸内的气流运动，可看出在点火时刻高滚流比发动机缸内气流运动较强，这更有利于点火后火焰的传播。

5. 燃油湿壁分析

　　图 4-21 为不同曲轴转角下，缸内直喷汽油机的缸套和活塞顶部油膜情况的对比。可以看出，430°CA 时，3 号、4 号和 5 号油束最先撞击到活塞顶部，在活塞顶部形成油膜，对比此时两发动机壁面油膜情况，可以看出高滚流比发动机内 3 号和 5 号油束所形成的油膜面积相对低滚流比发动机较小。

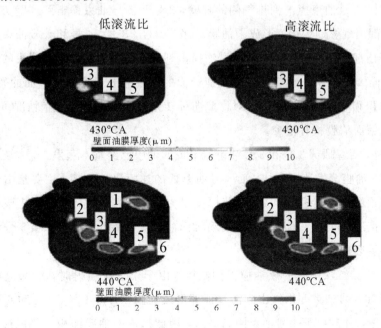

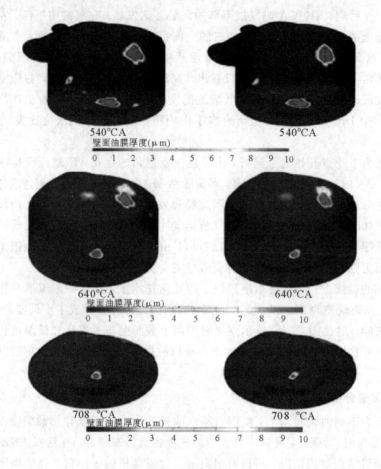

图 4-21　壁面油膜对比

　　440°CA 时，1 号油束撞击到排气侧的缸壁，2 号和 6 号油束撞击到缸壁与活塞顶相交的部位，并且都出现燃油积聚，形成了油膜。由于 1 号、3 号、4 号和 5 号油束从喷油器到缸壁或者活塞顶部的距离较短，大量的燃油撞击到壁面及活塞顶，因此形成的油膜面积和厚度都较大。而 2 号和 6 号油束从喷油器到壁面的距离较长，撞击到壁面的燃油量较少，形成的油膜面积和厚度都相对较小。对比此曲轴转角时两发动机的湿壁情况可以看出，高滚流比发动机壁面油膜相对较少。

　　540°CA 时，活塞顶部 3 号和 5 号油束所形成的油膜已经基本蒸发，这主要是由于活塞顶面温度较高，油膜蒸发速度较快。而 4 号油束处的油膜仍然较多，主要是由于该油束从喷油器到活塞顶的距离最短，形成的油膜厚度最大，导致其蒸发较慢。对比该曲轴转角下两发动机湿壁情况，可以看出高滚流比发动机内的油膜蒸发更快，3 号和 5 号油束在活塞顶部形成的油膜表现最为明显。

　　640°CA 时，第二次喷射的燃油撞击到缸壁。由于第二次喷射时，活塞顶距喷油器较远，3 号、4 号和 5 号油束并未撞击到活塞顶部形成油膜，只有 1 号、2 号和 6 号油束撞击到排气侧的缸壁，并且由于 1 号油束距离最短，因此形成的油膜面积和厚度最大。由于此时缸内的气流运动和喷雾能量都与第一次喷射时不同，导致其撞壁的位置以及形成油膜的位置都与第一次喷射时不完全相同，这样更有利于油膜的蒸发。对比此曲轴转角时壁面油膜情况可以看出，第一次喷射时，1 号和 4 号油束所形成的油膜仍然没有全部蒸发，高滚流比发动机内这两处油膜更少。第二次喷射所形成的油膜同样是高滚流比发动机内面积和厚度更小。

点火时刻即 708°CA 时，1 号和 4 号油束所形成的油膜仍未蒸发完，并且第二次喷射形成的油膜同样未蒸发完。对比点火时刻两发动机壁面油膜情况可以看出，高滚流比发动机内的油膜面积和厚度都较小。

第 3 节　燃烧过程与放热规律

一、柴油机的燃烧过程与放热规律

柴油机的燃烧过程较为复杂，往往要同时借助于实测的示功图和燃烧放热率曲线进行分析。如图 4-22 所示，柴油机的燃烧过程可分为四个时期，即着火延迟期（滞燃期）、速燃期、缓燃期和后燃期（分别对应图中 1、2、3、4 阶段）。

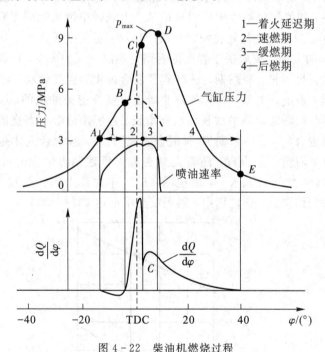

图 4-22　柴油机燃烧过程

1. 燃烧过程

1）着火延迟期（滞燃期）

由喷油始点 A 到气缸压力线与压缩线脱离点 B 对应的时期称为着火延迟期，或称滞燃期。随着压缩过程的进行，缸内空气压力和温度不断升高，在上止点附近气体温度高达 600 ℃以上，高于燃料在当时压力下的自燃温度。在 A 点被喷入气缸的柴油，经历一系列复杂的物理化学过程，包括雾化、蒸发、扩散、与空气混合等物理准备阶段以及低温多阶段着火的化学准备阶段，在空燃比、压力、温度以及流速等条件合适处，多点同时着火，随着着火区域的扩展，缸内压力和温度升高，并脱离压缩线。与汽油机相同，实际着火点应该在 B 点之前，用燃烧放热速率曲线或高速摄影等方法可以更精确地判定着火点。由于柴油汽化吸热，造成在着火前 $dQ_B/d\varphi$ 曲线出现负值，一旦开始燃烧放热，$dQ_B/d\varphi$ 很快由负变正。可以取 $dQ_B/d\varphi$ 明显上升前第一个极小值点，或 $dQ_B/d\varphi=0$ 的点作为着火点。

一般柴油机的着火延迟角 $\varphi_i=8°\sim12°$，着火延迟时间 $\tau_i=0.7\sim3\ \text{ms}$。柴油机着火延迟期长短会明显影响滞燃期内喷油量和预制混合气量的多少，从而影响柴油机的燃烧特性、动力经济性、排改特性以及噪声振动，必须精确控制。

2）速燃期

由 B 点开始的压力急剧上升的 BC 段称为速燃期。C 点是燃烧放热率变缓的突变点。由于在着火延迟期内的非均质预混合气多点大面积同时着火，而且是在活塞靠近上止点时气缸容积较小的情况下发生，因此速燃期内气体的温度、压力及 $dp/d\varphi$ 都急剧升高，燃烧放热速率 $dQ_B/d\varphi$ 很快到达最高值。$dp/d\varphi$ 的大小对柴油机性能有至关重要的影响。一般柴油机的 $dp/d\varphi=0.2\sim0.6\ \text{MPa}/(°)$，直喷式柴油机的较大，$dp/d\varphi=0.4\sim0.6\ \text{MPa}/(°)$。从提高动力性和经济性的角度，希望 $dp/d\varphi$ 大一些为好，但 $dp/d\varphi$ 过大会使柴油机工作粗暴，噪声明显增加，运动零部件受到过大的冲击载荷，使用寿命缩短。过急的压力升高会导致温度明显升高，使氮氧化物生成量明显增加。为兼顾柴油机运转平稳性，$dp/d\varphi$ 不宜超过 $0.4\ \text{MPa}/(°)$，为了抑制氮氧化物的生成，$dp/d\varphi$ 还应更低。

柴油机 $dp/d\varphi$ 的大小主要取决于着火延迟期可燃混合气的多少，可燃混合气的生成量受着火延迟期内喷射燃料量、滞燃期、燃料蒸发混合速度、空气运动、燃烧室形状和燃料物化特性等多种因素影响。图 4-23 是各种非增压直喷高速柴油机的 $(dp/d\varphi)_{max}$ 和 p_{max} 与滞燃期的关系，两者均随滞燃期的增长而线性增长。速燃期内参与燃烧的主要是在着火延迟期内形成的可燃混合气，这一时期为"预混合燃烧"阶段。预混合气体是在极短时间内形成的，实际是一种非均质预混合气，随着大量在着火延迟期内生成的可燃混合气燃烧殆尽，燃烧放热速率暂时降至较低水平，出现图 4-22 中曲线上的谷点 C，以此作为速燃期和预混合燃烧阶段的结束点。速燃期中，累积放热率可达 $20\%\sim30\%$。

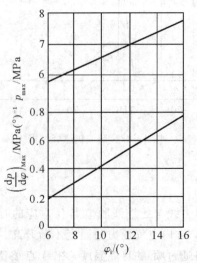

图 4-23 最高燃烧压力及最大压力升高比与滞燃期的关系

3）缓燃期

由 C 点到最高燃烧温度（或最高燃烧压力）的 D 点称为缓燃期。在此期间，参与燃烧的是速燃期内未燃烧的燃料和缓燃期内喷入的燃料。特别是后续喷入燃料蒸发混合，并以高温单阶段方式着火参与燃烧。由于气缸内温度急剧升高，蒸发混合速度明显加快，加之后续喷油速率上升，使放热速率 $dQ_B/d\varphi$ 再次增大，出现柴油机燃烧特有的"双峰"现象。这一阶段燃烧放热速率的大小取决于油气相互扩散混合的速度，因此也称为"扩散燃烧阶段"。$dQ_B/d\varphi$ 曲线的双峰，第一个峰对应预混合燃烧阶段，第二个峰则对应扩散燃烧阶段。小负荷时由于喷油量少并在着火落后期内就停止，往往并不出现"双峰"现象。

柴油机的最高燃烧压力 p_{max} 一般为 $5\sim9$ MPa，增压柴油机有可能大于 10 MPa，对柴油机而言，缸内最高燃烧压力应出现在上止点后 $10°\sim15°$，以获得较好的动力性和经济性。C 点位置不仅取决于喷油提前角 θ_{fj}，也取决于着火延迟期和速燃期的长短，缓燃期结束时，累积放热率可达 80% 左右，燃气温度可达 $1700\sim2000$ ℃。一般要求缓燃期不要过长，否则会使等容度下降，放热时间加长，循环热效率下降。也就是说，缓燃期应越快越好，加快缓燃期燃烧速度的关键是加快混合气形成速率。

4）后燃期

从缓燃期终点 D 到燃料基本燃烧完毕（累计放热率大于 95%）的 E 点称为后燃期。由于柴油机混合气形成时间短，油气混合极不均匀，因此总有一些燃料不能及时燃烧，拖到膨胀期间继续燃烧，特别是在高负荷时，后燃现象比较严重。后燃期内的燃烧放热远离上止点进行，热量不能有效利用，增加了散热损失，致使柴油机经济性下降。此外，后燃还增加了活塞组的热负荷，排气温度升高。因此，应尽量缩短后燃期，减少后燃所占的百分比。柴油机燃烧时会出现油气混合不匀造成局部缺氧。因此，加强缸内气体运动，可以加速后燃期的混合气形成和燃烧速度，而且会使碳烟及不完全燃烧成分加速氧化。

2. 放热规律

1）放热规律三要素

放热规律三要素是指燃烧放热始点（相位）、放热持续期和放热率曲线的形状。放热规律三要素既有各自的特点，又相互关联，对其进行合理选择与控制是极为重要的。

放热始点决定了放热率曲线距压缩上止点的位置，在持续期和放热率形状不变的前提下，决定了放热率中心（指放热率曲线包围的面心）距上止点的位置，对循环热效率、压力升高率和燃烧最大压力都有重大影响。放热持续期的长短，一定程度上是理论循环等压放热预膨胀比 ρ 值大小的反映，是决定循环热效率的一个极为关键的因素，对有害排放量也有较大的影响。放热率曲线形状决定了前后放热量的比例，对噪声（$dp/d\varphi$）、振动和排放量都有很大的影响。在放热始点和循环喷油量不变的条件下，放热率形状的变化既影响放热曲线面心的位置，也影响放热持续期的长短，间接对循环热效率等性能指标产生影响。

2）理想的燃烧放热规律及其控制

（1）放热始点的要求及控制。

无论汽油机还是柴油机，都希望放热始点的位置能保证最大燃烧压力 p_{max} 出现在上止点后 $10°\sim15°$。为此，柴油机通过喷油提前角 θ_{fj} 的变化以及着火延迟期长短来加以调控，由于各工况的着火落后期不相同，所以每个工况都有其最佳的 θ_{fj}。

(2) 喷油提前规律。

柴油机要求转速及负荷都提前，转速提前的原因是油量调节杆位置不变时，高转速的着火延迟角要比低转速大得多，喷油持续角和相应的燃烧持续角也都加大（这是喷油和燃烧特性所决定的），所以要求转速提前。但是转速不变喷油量加多时，由于喷油持续角的加大也要求适当提前。传统的车用柴油机一般都装有自动喷油提前器来完成转速提前的功能，电控柴油机则可通过喷油提前角 MAP 图进行精确控制。

(3) 放热持续期的要求及控制。

柴油机放热持续期首先取决于喷油持续角的大小，喷油时间愈长则扩散燃烧期愈长。其次，取决于扩散燃烧期内混合气形成的快慢和完善程度，喷油过快，混合气形成跟不上也不能缩短燃烧时间，混合气形成不完善就会拖延后燃时间。

(4) 放热规律曲线形状的影响及控制。

影响放热规律曲线形状的因素比较复杂。为便于定性分析，一般假定四种柴油机简单的放热率图形，如图 4-24 所示，据此计算出各自的示功图 a、b、c 和 d 曲线。假定上述四种放热规律都在上止点开始放热，放热总量相同，持续期均为 $40°$。曲线 a 先快后慢的放热形状初期放热多，$dp/d\varphi$ 值最大，p_{max} 达 8 MPa，此时的指示效率 η_{it} 为 52.9%。曲线 d 先慢后快的放热形状则相反，放热速率前缓后急，$dp/d\varphi$ 和 p_{max} 都最低，η_{it} 最小，为 45.4%，这种放热规律曲线形状对降低噪声、振动和 NO_x 排放有明显效果。曲线 b 和 c 则介于二者之间。实际发动机放热率曲线形状取决于不同的机型、不同的燃烧和混合气形成方式以及对性能的具体要求。在一定条件下，可采取一定措施加以调控。

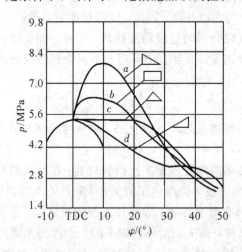

图 4-24　放热规律曲线形状对压力变化的影响

为了改进直喷式柴油机放热率曲线所引起的不利影响，应通过喷油、气流、燃烧室的相互协调来加以改变和控制。在不增长喷油持续期的前提下尽可能降低初期喷油率，由于初期喷油量的减少，使放热率的第一个峰值下降，$dp/d\varphi$ 和 p_{max} 都相应降低。

二、汽油机的燃烧过程与放热规律

为便于分析，一般将汽油机燃烧过程分为三个阶段，分别称为着火延迟期、明显燃烧期和后燃期，如图 4-25 所示。

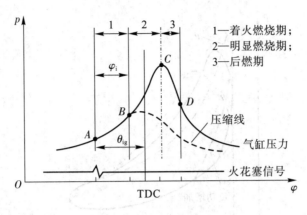

图 4 - 25　汽油机燃烧过程

1. 燃烧过程

1）着火延迟期

由火花塞点火的 A 点到气缸压力线脱离压缩线（虚线）的 B 点所界定的时期称为着火延迟期。其长短用着火延迟时间 τ_i 或着火延迟角 φ_i 来表示。电火花在上止点前 θ_{ig} 角（点火提前角）点火，可燃混合气按高温单阶段方式着火后，经过一个阶段形成稳定的火核。此时，压力和温度升高，缸内气体压力开始脱离压缩压力线，这标志着火延迟期结束。一般 φ_i 为 $10°\sim20°$，形成火核的时间往往在 B 点之前，但在实际中难以测定，因此一般都以 B 点作为确定着火延迟期的标志。工程上常以燃烧放热量的 $1\%\sim10\%$ 内的某一数值作为确定着火延迟期的标准。

若能保证汽油机正常工作，着火延迟期的长短对汽油机性能影响不大，汽油机性能主要取决于何时着火而不是何时点火，对着火延迟期的要求是 φ_i 要稳定并尽可能短，φ_i 稳定是指每循环中 φ_i 的长短不要离散过大，这就使 B 点的位置相对稳定，由此使最高燃烧压力 p_{max} 所对应的角度相对稳定，发动机循环波动率不至于过大。考虑到 p_{max} 出现在上止点稍后为最佳时刻，因此一般使 B 点出现在上止点前 $12°\sim15°$ 较为合适。

2）明显燃烧期

由 B 点到 C 点的时期称为明显燃烧期。在此期间，火焰由火焰中心传播至整个燃烧室，约 90% 的燃料被烧掉。随着燃烧的进行，缸内温度和压力很快升高，并达到最高燃烧压力 p_{max}，一般将 p_{max} 作为明显燃烧期的终点。最高燃烧压力 p_{max} 和压力升高率 $\mathrm{d}p/\mathrm{d}\varphi$ 是与发动机性能密切相关的两个燃烧特性参数。汽油机最高燃烧压力 p_{max} 一般小于 $5.0\ \mathrm{MPa}$，p_{max} 过高会使循环热效率和循环功增加，但机械负荷及热负荷也会随之增加，p_{max} 出现在上止点后 $10°\sim15°$ 左右最佳，若出现过早，则混合气着火必然过早，引起压缩过程负功增加，过晚则导致等容度下降，循环热效率下降，散热损失也上升。如图 4 - 26 所示，p_{max} 出现的位置可用点火提前角 θ_{ig} 来控制。

压力升高率是表征内燃机燃烧等容度和粗暴度的指标。压力升高率越高，则燃烧等容度越高，有助于提高动力性和经济性，但会使燃烧噪声和振动增加，并导致氮氧化物排放增加。一般汽油机的平均压力升高率 $\mathrm{d}p/\mathrm{d}\varphi=0.2\sim0.4\ \mathrm{MPa/(°)}$。

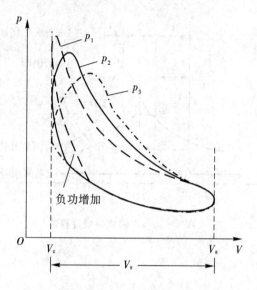

图 4-26 p_{max} 出现位置对示功图的影响

3）后燃期

由 C 点到 D 点的时期称为后燃期。在 C 点时，火焰前锋面已传播到燃烧室壁面，整个燃烧室被火焰充满。由于 90% 左右的燃烧放热已完成，继续燃烧的是火焰前锋面扫过后未完全燃烧的燃料以及壁面及其附近的未燃混合气。另外，高温裂解产生的 CO、HO 等成分，在膨胀过程中随温度下降又部分氧化而放出热量。由于燃烧放热速率下降，加之气体膨胀做功，使缸内压力很快下降。为保证高的循环热效率和循环功，应使后燃期尽可能短，一般要求整个燃烧持续期在 40°～60°曲轴转角范围之内。

2. 燃烧放热规律影响因素

1）点火提前规律

汽油机最佳 θ_{ig} 角随转速的上升而加大，随进气管真空度的上升（负荷下降）而加大，称为真空提前。图 4-27 是汽油机最佳点火提前角特性。在节气门开度不变时，各个转速的着火落后期均变化不大，转速上升后，相同延迟期所占的转角将呈正比地增加，高转速时的着火延迟角显著加大，为保证最大燃烧压力点相位基本不变，需要加大点火提前角 θ_{ig}。转速不变时，随着节气门的减小，进气管真空度上升，残余废气系数加大，燃烧速度下降，着火延迟期和燃烧持续期都加大，要求点火提前以保证放热曲线面心接近上止点位置。

2）放热持续期

放热持续期原则上是越短越好，汽油机一般为 40°～50°。汽油机放热持续期主要取决于火焰传播速度和火花塞到燃烧室最远点的燃烧距离两大因素。火焰传播速度取决于燃料及可燃混合气特性、燃烧室中层流或湍流的气流特性以及残余废气系数等影响因素，后者则主要取决于燃烧室几何形状、火花塞位置等结构因素。汽油机一般具有先慢后快的放热率曲线形状，这是由球状的火焰传播特点所决定的。燃烧初期，燃烧速度、范围及压力、温度都较小，放热率低。燃烧中后期，锋面球面积扩大，温度和压力也逐渐增高，放热率加大。汽油机放热率的这一特点决定了它噪声、振动小，燃烧最大压力低等一系列特性。

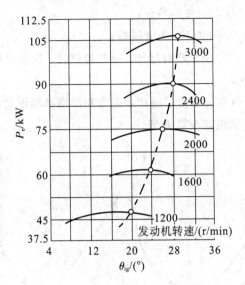

图 4-27　汽油机最佳点火提前角特性

第 4 节　非正常燃烧现象

一、柴油机的非正常燃烧现象

柴油机工作粗暴对发动机的动力性、经济性和可靠性有严重影响，对发动机损害严重。柴油机工作粗暴产生的原因有以下三点：

（1）柴油型号选用不当，柴油的十六烷值应在 40～50 之间。如果选用的柴油十六烷值低，挥发性和自燃性就都不好，着火的延迟期长，使气缸内喷入的燃油过多，着火后一起燃烧，使燃烧加剧，导致气缸内压力上升很快，最高压力增大，工作粗暴。

（2）供油时间过早。如果供油时间过早，那么着火前喷入气缸中的油量增加，燃料将喷入压力和温度都不够高的压缩空气中，使着火延迟期增长，同时导致柴油机工作粗暴。

（3）喷油延续角过小。如果喷油延续角小，喷油量相对固定，则喷油速度过快，可以得到较好的油耗和排放，但会导致柴油机工作粗暴。

二、汽油机的非正常燃烧现象

由火花点火引燃并以火核为中心的火焰传播燃烧过程称为汽油机正常燃烧。若设计或控制不当，汽油机偏离正常点火的时间及位置，由此引起燃烧速率急剧上升，压力急剧增大，如爆燃、表面点火和激爆等异常现象，都属于不正常燃烧。

1. 爆燃现象

爆燃是汽油机最主要的一种不正常燃烧，常在压缩比较高时出现。如图 4-28 所示，爆燃时缸内压力曲线出现高频大幅度波动（锯齿波），同时发动机会产生一种高频金属敲击声，因此也称爆燃为敲缸(knock)。

汽油机爆燃时一般出现以下外部特征：

(1) 发出频率为3000～7000 Hz的金属振音。

(2) 轻微爆燃时，发动机功率略有增加。强烈爆燃时，发动机功率下降，转速下降，工作不稳定，机身有较大振动。

(3) 冷却系统过热，气缸盖温度、冷却水温度和润滑油温度均明显上升。

(4) 爆燃严重时，汽油机甚至冒黑烟。

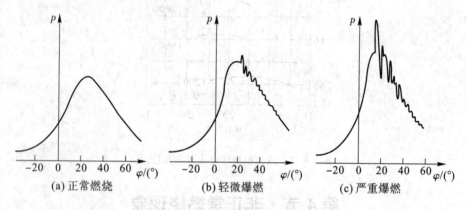

(a) 正常燃烧   (b) 轻微爆燃   (c) 严重爆燃

图 4 - 28 汽油机爆燃时的示功图

2. 爆燃机理

火花塞点火后，火焰前锋面呈球面波形状以30～70 m/s的速度迅速向周围传播，缸内压力和温度急剧升高，如图4-29所示。

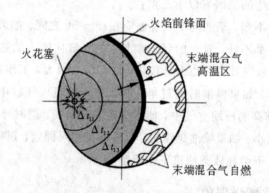

图 4 - 29 汽油机爆燃机理

燃烧产生的压力波(密波)以音速向周围传播，远在火焰前锋面之前到达燃烧室边缘区域，该区域的可燃混合气(即末端混合气)受到压缩和热辐射作用，其压力和温度上升，燃前化学反应加速。一般来说，这些都是正常现象。但如果这一反应过于迅速，则会使末端混合气在火焰锋面到达之前即以低温多阶段方式开始自燃，在较大面积上多点并同时着火，放热速率极快，局部区域温度压力陡增。这种类似阶跃的压力变化，会形成燃烧室内往复传播的激波，猛烈撞击燃烧室壁面，使壁面产生振动，发出高频振音，其频率主要取决于燃烧室尺寸(主要是缸径)和激波波速,这就是爆燃。爆燃发生时,火焰传播速度可陡然高达 100~300 m/s(轻微爆燃)或 800~1000 m/s(强烈爆燃)。

3. 爆燃的危害

(1)热负荷及散热损失增加。爆燃发生时,剧烈无序的放热使缸内温度明显升高,加之压力波的反复冲击破坏了燃室壁面的层流边界层和油膜,从而使燃气与燃室壁面之间的传热速率大大增加,散热损失增大,气缸盖及活塞顶部等处的热负荷上升,甚至造成铝合金活塞表面发生烧损及熔化(烧顶)。

(2)机械负荷增大。发生爆燃时,最高燃烧压力和压力升高率都急剧增高,$(dp/d\varphi)_{max}$ 可高达 65 MPa/(°),受压力波的剧烈冲击,相关零部件所受应力大幅度增加,严重时会造成连杆轴瓦破损。

(3)动力性和经济性恶化。由于燃烧极不正常,以及散热损失大大增加,使循环热效率下降,导致功率和燃油消耗率恶化。

(4)磨损加剧。由于压力波冲击缸壁破坏了油膜层,导致活塞、气缸和活塞环磨损加剧。

(5)排气异常。爆燃时产生的高温会引起燃烧产物的热裂解加速,严重时析出碳粒,排气产生黑烟,燃室壁面形成积碳。

第5节　燃烧室匹配优化

一、柴油机的燃烧室匹配优化

柴油机的燃烧过程非常复杂,燃烧室设计难度较大,各种结构参数的影响程度也更为敏感。柴油机的燃烧室可分为两大类,即直喷式燃烧室(Direct Injection,DI)和非直喷式燃烧室(Indirect Injection,IDI)。下面重点介绍直喷式燃烧室。

1. 分类与特点

直喷式燃烧室是指将燃油直接喷入主燃烧室中进行混合燃烧的燃烧室,常见的有代表性的结构形状如图 4-30 所示,分别为浅盆形、深坑形、挤流口形和球形。浅盆形燃烧室中的活塞凹坑开口较大,可看作与凹坑以外的燃烧室空间形成了一个统一的燃烧室空间,因

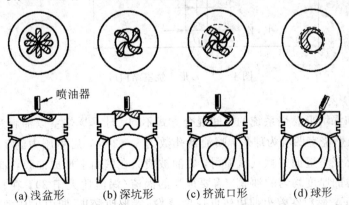

图 4-30　典型的直喷式柴油机结构形状

而也称为开式燃烧室（或统一式燃烧室）；相反，深坑形和球形燃烧室也称为半开式燃烧室。挤流口形燃烧室由于设置挤流台，能快速形成相对均匀的混合气，有效地改善了发动机可燃混合气的质量，使燃烧迅速和完善，在明显改善发动机的烟度和排放指标的同时，还使经济性和动力性指标提高。

1）浅盆形燃烧室

浅盆形燃烧室的结构比较简单，在活塞顶部设有开口大、深度浅的燃烧室凹坑，dk/D（凹坑口径/活塞直径）约为 0.72～0.88，dk/h（凹坑口径/凹坑深度）约为 5～7。燃烧室中一般不组织或只组织很弱的进气涡流，混合气形成主要依靠燃油射束的运动和雾化，可以说是一种"油找气"的混合方式。因此均采用多孔（6～12 孔）小孔径（0.2～0.4 mm）喷油器，喷油启喷压力较高（20～40 MPa），最高喷油压力可高达 100 MPa 以上。浅盆形燃烧室属于较均匀的空间混合方式，在滞燃期内形成较多的可燃混合气，因而最高燃烧压力和压力升高率高，工作粗暴，燃烧温度高，NO_x 和碳烟排放较高，噪声、振动及机械负荷较大。这种"油找气"的被动混合方式决定了浅盆式燃烧室的空气利用率差。好的一面是，由于不组织空气运动，散热损失和流动损失均小，加之雾化质量好，燃烧迅速，故其经济性好，容易启动。

2）深坑形燃烧室

与浅盆形燃烧室的"油找气"方式相比，深坑形燃烧室采用"油和气相互运动"的混合气形成方式，以满足车用高速柴油机混合气形成和燃烧速度更高的要求。最有代表性的燃烧室是 ω 形燃烧室，如图 4-31 所示。深坑形燃烧室一般适用于缸径 $D=80～140$ mm，特点是燃油消耗率较低、转速高（最高可达 4500 r/min）、启动性好，在车用中小型高速柴油机上获得了最广泛的应用。为了获得理想的综合性能指标，必须对涡流强度、流场、喷油速率、喷孔数、喷孔直径、喷射角度、燃烧室的各项尺寸进行大量的匹配优化工作，燃烧室的设计难度较大。

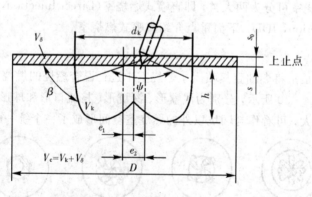

图 4-31　ω 形燃烧室结构尺寸

3）球形燃烧室

与浅盆形和深坑形燃烧系统的空间混合方式不同，球形燃烧室以油膜蒸发混合方式为主，活塞顶部的燃烧室凹坑为球形，喷油器孔数为 1～2 孔，启喷压力约 17～19 MPa，喷油射束沿球形燃烧室壁面并顺气流喷射，燃油被喷涂在壁面上形成油膜，如图 4-32 所示。为保证形成很薄的厚度均匀的油膜，需要很强的涡流（涡流比大于 3），在较低壁温（200～350 ℃）的控制下，燃料在着火前以较低速度蒸发，在着火落后期内生成的混合气量较少，因而初期燃烧放热率和压力升高率低。随着燃烧的进行，缸内温度和火焰热辐射强度提高，油膜蒸发加速，燃烧也随之加速。

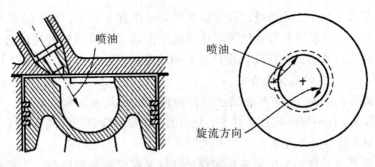

图 4-32　球形燃烧室

在强烈的涡流运动和适宜的壁面温度控制下，燃料油膜按蒸发、被气流卷走、混合、燃烧的顺序十分有序地进行混合燃烧，混合均匀，又避免了较大颗粒的燃油暴露在高温下产生裂解。同时，空气利用率好，正常燃烧的最小过量空气系数可降至 1.1。匹配良好的球形燃烧室可以做到工作柔和、轻声、低烟、NO_x 排放较低，动力性和燃油经济性都较好。但球形燃烧室存在冷启动性能差、随工况变化性能差别大、对涡流强度十分敏感、工艺要求高等问题，目前已很少使用。

球形燃烧室与 ω 形燃烧室的燃烧过程对比如图 4-33 所示。

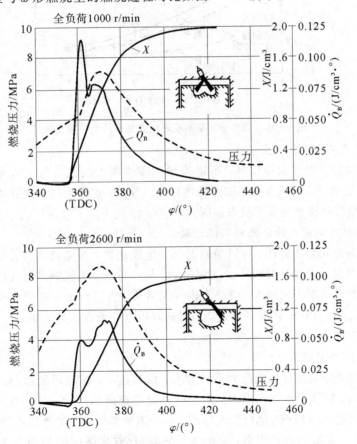

图 4-33　球形燃烧室与 ω 形燃烧室的燃烧过程对比

2. 燃烧室匹配优化

柴油机的燃烧系统中，对燃烧过程有显著影响的因素非常多，每个因素之间又相互影响和制约，任何一个因素如不与其他因素合理地匹配都会造成燃烧过程的恶化。总之，柴油机燃烧过程的改进和燃烧室的优化设计是一项难度极大的工作，应掌握以下基本原则。

1）油—气—燃烧室的最佳配合

采用何种强度的涡流、何种喷油方式、何种形状的燃烧室，单独地看，并不存在最佳方案，但综合起来，在一定的限制条件下，只要油、气和燃烧室三者能恰当配合，达到综合的优化性能指标，就是最优方案。

图4-34为某型号重型车用柴油机实现低排放及高燃油经济性的技术措施。其中，Ⅰ型和Ⅱ型燃烧系统都采用缩口型燃烧室，喷油压力均为135 MPa，喷孔数分别为5孔和7孔。使用Ⅱ型燃烧系统柴油机的碳烟排放和燃油消耗率都有所下降。Ⅲ型和Ⅳ型燃烧系统都采用浅盆型燃烧室，最高喷油压力分别提高到150 MPa和180 MPa，涡流强度也相应降低，柴油机的碳烟排放和燃油消耗率都得到了进一步改善。

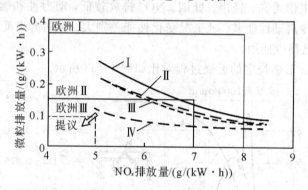

图4-34　重型车用柴油机不同燃烧系统的性能比较

2）控制滞燃期内混合气生成量

为追求更佳的动力性和经济性，可适当增加滞燃期内的混合气生成量，但为了降低NO_x排放和燃烧噪音，应减少滞燃期内的混合气生成量，可采用的方法除优化初期喷油速率，也可用气体运动和燃烧室形状来控制。

3）合理组织燃烧室内的涡流和湍流运动

通过增强涡流和湍流运动，可以加速混合气生成速率，避免局部混合气过浓。特别应重视压缩上止点附近及燃烧过程中的气流运动。另一方面，进气涡流强度的提高会造成充气系数的下降和泵气损失的增加，燃烧室内气流运动强度的增加会造成流动损失及散热损失的升高，因此，气流运动强度必须适当。目前解决这一矛盾的方法倾向于提高喷射压力，适当降低旋流强度。

4）紧凑的燃烧室形状

柴油机的燃烧室也应尽可能做到形状紧凑、面容比小，这样可使散热损失减小，减少了燃烧的死角区，提高了空气利用率。柴油机燃烧室都应尽可能减小余隙容积（包括活塞顶与气缸盖之间的顶隙容积、气门凹坑容积、第一道活塞环以上的环岸容积），使空气集中在燃烧室凹坑里，提高空气利用率，使燃油不分散到余隙容积中，以避免不完全燃烧和有害物排放。

5）加强燃烧期间和燃烧后期的扰流

为了降低 NO_x 和燃烧噪声而又保证燃油经济性不恶化，在采用较缓的初期燃烧放热率的同时，加强扩散燃烧期的气体扰动是一个极为有效的方法。此外，加强燃烧后期的混合气运动，还可加速碳烟的氧化和再燃烧，以降低排气烟度。

二、汽油机的燃烧室匹配优化

燃烧室设计直接影响到充气系数、火焰传播速度、燃烧放热速率、散热损失、爆燃以及循环波动率等，从而影响汽油机的各项主要性能。常见汽油机燃烧室形状分类如图 4-35 所示，其中图 4-35(a)～(d) 是最常见的几种燃烧室，图 4-35(e) 为一种有代表性的旧型燃烧室，图 4-35(f)～(h) 虽未得到很多应用，但在设计上很有特点。

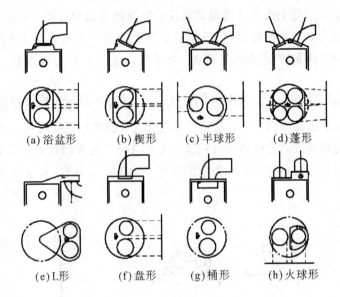

(a) 浴盆形　　(b) 楔形　　(c) 半球形　　(d) 蓬形

(e) L形　　(f) 盘形　　(g) 桶形　　(h) 火球形

图 4-35　汽油机燃烧室形状分类

对汽油机燃烧室的基本要求有以下四个方面。

1. 燃烧室结构紧凑

一般以面容比 F/V（燃烧室表面积与燃烧室容积之比）来表征燃烧室的紧凑程度。F/V 越小，火焰传播距离越短，越不易发生爆燃。图 4-35(e) 所示的 L 形燃烧室，由于采用侧置气门，F/V 较大，只能在压缩比小于 7 的条件下正常工作，否则易发生爆燃。采用顶置气门的各种燃烧室（图 4-35(a)～(d)），F/V 较小，压缩比普遍达到 8～9 以上。F/V 越小，燃烧持续期也越短，等容度提高，散热损失小，循环热效率提高。同时，F/V 越小，壁面淬熄效应减小，HC 排放降低。

2. 燃烧室几何形状合理

合理的几何形状，有助于得到适宜的火焰传播速率和放热速率。如图 4-36 所示，方案(a) 呈现出前高后缓的放热速率，方案(c) 则形状相反，放热速率前缓后急。另外，合理的几何形状还包括：燃烧室廓线尽可能圆滑，以避免凸出部产生局部热点。

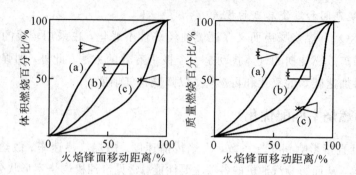

图 4-36　燃烧室形状对放热速率的影响

3. 火花塞合理布置

火花塞位置会直接影响火焰传播距离的长短以及燃烧放热速率。如图 4-37 所示，在同样的压缩比条件下，因火花塞位置不同，防止爆燃所需的燃料辛烷值不同。汽油机由于存在积碳，要求比图中的辛烷值再提高 10 个单位，确定火花塞位置时一般要考虑以下几点：

（1）火花塞至末端混合气距离最短，使得在相同压缩比时爆燃可能性最小。

（2）火花塞应靠近排气门布置，避免末端混合气处温度过高而易出现爆燃。

（3）保证火花塞周围有足够的扫气气流，充分清扫火花塞间隙处的残余废气，保证点火成功，冷启动和低速低负荷时的工作稳定性好，循环波动率小，动力经济性和 HC 排放均会改善。

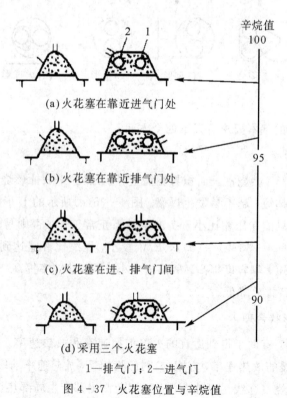

(a) 火花塞在靠近进气门处

(b) 火花塞在靠近排气门处

(c) 火花塞在进、排气门间

(d) 采用三个火花塞

1—排气门；2—进气门

图 4-37　火花塞位置与辛烷值

4. 合理的气流运动

强度适当的涡流特别是湍流可以使油气混合进一步均匀，湍流火焰传播速度要比层流的高数十至上百倍，提高混合气的湍流度可以明显提高燃烧速度，降低循环波动率，扩大混合气的稀燃界限，减小壁面淬熄层厚度以降低 HC 排放。但过强的气流运动会使散热损失增加，阻力加大，着火困难。

复习思考题

1. 简述柴油机低温燃烧模式的原理和特点，试画出低温燃烧路径示意图。

2. 查阅文献，结合案例，解释内燃机工作过程油气的"量—时—空"匹配原理及技术措施。

3. 简述汽油机和柴油机非正常燃烧现象。

4. 简述柴油机常用燃烧室及其匹配原则。

5. 查阅相关文献，试提出四种降低柴油机压升率的方案（可以从喷油策略、进气流动策略、燃烧室设计等方面选择），并分析其原理。

第五章　内燃机的排放控制

【学习目标】

通过本章的学习，学生应了解内燃机排放法规的发展历程，掌握我国现行的内燃机排放法规与测试规范，掌握排气污染物的生成机理，掌握针对不同类型发动机和排放污染物的排气后处理技术。

【导入案例】

《巴黎协议》开放签署，中国的节能减排措施或将更加深入推进。据《日本经济新闻》报道称，全球最大的中国汽车市场仍在持续扩大。各汽车企业为应对排放标准的提高，不得不采取投入最新技术等新措施。

中国 2017 年起实施被称为"国六"的最新尾气排放标准。这一标准相当于欧洲 2015 年正式实施的世界最严环保标准"欧 6"。可以使氮氧化物（NO_x）和颗粒物（PM）等污染物质比目前的"国五"标准大幅减少。北京和上海等大城市已开始实施，2018 年以后逐步推广至全国。此前曾计划 2020 年前后实施新标准。2017 年上半年相当于欧洲上一代标准——"欧 5"的"国五"已扩大至农村地区等，与大城市率先实行的"国六"标准齐头并进，在全国范围内推进尾气减排对策的实施。除了排放标准之外，要求企业达到的燃效目标也将于 2020 年在现行 20 km/L 的基础上提高 4 成。各车企必须使销售车型整体的平均燃效达标，为此需要提高燃效更高的纯电动汽车（EV）和小型车的销售比率。

目前的排放标准"国五"相当于欧洲的"欧 5"标准，保护环境的制度未能跟上市场迅猛增长的步伐。标准强化将对各汽车企业的战略产生影响，不达标的汽车原则上将无法销售。以往车型需要改进发动机和增加尾气处理装置，有中国企业表示"生产成本将增加 1～3 成"。在经济减速的背景下，很难将成本转嫁给消费者，企业负担有可能加重。

第 1 节　污染物种类与危害

内燃机有害排放物包括排气污染物和非排气污染物。内燃机在燃烧过程中产生的有害成分主要为一氧化碳（CO）、碳氢化合物（HC）、氮氧化物（NO_x）、硫氧化物（SO_x）、铅化合物和微粒等。这些有害成分最终由排气管排出，称为排气污染物（或排气有害成分）。因曲轴箱窜气和燃油系统油气挥发等原因排向大气的有害成分，称为非排气污染物。目前排放法规限制的是 CO、HC、NO_x 和微粒四种，还有一些目前各国法规尚未限制的排气有害成分，如甲醛、乙醛、苯、乙酰、甲醛、丁二烯等非常规排放污染物。

一、常规排放污染物

（1）一氧化碳（CO）。CO 是一种无色、无臭、窒息性很强的气体。CO 与血液中作为输氧载体的血红素蛋白（Hb）的亲和力比 O_2 高 200～300 倍，很容易结合成碳氧血红蛋白素

(CO-Hb)，使血液的输氧能力大大降低，导致心脏、大脑等重要器官严重缺氧。轻度CO中毒时，会出现头晕、头痛、呼吸感到障碍等症状，中枢神经系统将受到损害。严重CO中毒时，会出现恶心、心痛、昏迷等症状。

(2)氮氧化物(NO_x)。内燃机排放的氮氧化物包括一氧化氮NO、二氧化氮NO_2和氧化二氮N_2O，总称为NO_x。NO是无色无臭气体，只有轻度刺激性，直接毒性不大。NO在大气中被氧化成NO_2，而NO_2是一种褐色的有毒气体，对眼、鼻、呼吸道以及肺部有强刺激。NO_2与血红素蛋白(Hb)的亲和力比O_2高30万倍，因而对血液输氧能力的障碍远高于CO。NO_x在大气中反应生成硝酸，成为酸雨的主要来源之一。同时，NO_x是形成光化学烟雾(见后述)的主要成分。

(3)碳氢化合物(HC)。碳氢化合物包括未燃和未完全燃烧的燃油、润滑油及其裂解产物和部分氧化物，如苯、醛、酮、烯烃、多环芳香烃(PAH)等200多种成分。饱和烃对人体危害不大。烯烃有麻醉作用，对黏膜有刺激，经代谢转换会变成对基因有毒的环氧衍生物，也是形成光化学烟雾的重要物质。芳香烃对血液和神经系统有害，特别是多环芳香烃PAH及其衍生物(如苯并芘等)有强烈的致癌作用。醛类是刺激性物质，对眼、呼吸道、血液有毒害。

(4)微粒及碳烟。微粒(PM)的主要成分是碳、有机物质和硫酸盐。微粒往往以碳烟的形式降低能见度，微粒对人体健康的危害与其粒度大小及组分有关。微粒的粒径大约在0.1～10μm范围内，其中对人体和大气环境危害最大的是2.5μm左右的微粒(记为PM2.5)，它悬浮于离地面1～2m高的空气中，容易被人体吸入，危害最大。大于10μm的微粒(记为PM10)不易被直接吸入。微粒除对呼吸系统有害，引发哮喘等症状外，还因含有苯并芘等多种PAH，具有不同程度的致癌作用。

(5)硫氧化物(SO_x)。SO_x主要来源于石油中较重组分(柴油、重油等)的燃烧，除自身具有毒害作用外，还会引起大气中的硫酸盐等二次污染物，是形成酸雨的主要成分，也是影响能见度的主要原因之一。

二、非常规排放污染物

1. 种类

内燃机非常规污染物主要包括羰基类、单环芳香烃类、多环芳香烃类、金属粒子。其中，羰基类、单环芳香烃类和多环芳香烃类在燃烧废气中以气态的形式存在，属于气体污染物；金属粒子属于固体污染物。表5-1为内燃机非常规污染物的种类。

表5-1　非常规污染物的种类

类　别		主　要　物　质
羰基类		甲醛、乙醛、丙醛、丁烯醛、丙烯醛、丁醛、苯甲醛、异戊醛、戊醛、己醛、二甲基苯甲醛、丙酮、丁酮
芳香烃类	单环	苯、甲苯、乙苯、二甲苯、三甲苯、三甲基苯
	多环	萘、苊烯、苊、芴、蒽、菲、荧蒽、芘、屈、硝基多环芳香烃
金属粒子		镉、铅、钠、镍、铁、铬、锌镍合金、镁

2. 危害

羰基类化合物对人体呼气道有刺激作用，可致呼吸道炎症、神经系统机能障碍等疾病，具有较高的化学活性和遗传毒性，易引起 DNA 链间交联、DNA 断裂等，短时间吸入羰基类化合物会对眼睛、皮肤及鼻腔黏膜产生刺激性的伤害，若人体长时间处在具有低浓度羰基类化合物的环境中，羰基类化合物会对身体组织器官产生致毒性及致突变性，产生慢性危害。表 5 - 2 为羰基类化合物的种类与危害。

表 5 - 2　羰基类化合物的种类与危害

种　类	危　害	三致效应	职业接触阈值
甲醛	呼吸器官	致癌	1.2 mg/m³
乙醛	眼睛、皮肤	致癌	180 mg/m³
丙醛	中等毒性	—	—
丁醛	呼吸道黏膜	—	—
2-丁烯醛	黏膜组织	—	—
苯甲醛	呼吸道黏膜	—	—
丙烯醛	极毒气体	—	0.69 mg/m³
丙酮	麻醉中枢神经	—	1780 mg/m³
丁酮	麻醉中枢神经	—	—

注：职业接触阈值按照时间加权平均值计。

芳香烃类污染物是最早被认识的化学致癌物，也是迄今为止数量最多的一类致癌物。苯可以导致人体的血白细胞、血小板和红细胞数量减少，多环芳香烃对人体具有致癌与致突变性。我国《大气污染物综合排放标准》规定了包括苯、甲苯、二甲苯等多种芳香烃类污染物的排放限值，如表 5 - 3 所示。

表 5 - 3　我国芳香烃类污染物的排放限值

种　类	最高允许排放浓度/(mg/L)	监控浓度限值/(mg/L)
苯	17	0.5
甲苯	60	3.0
二甲苯	90	1.5
苯并芘	0.50×10^{-3}	0.01×10^{-3}

注：无组织排放监控点为周界外浓度最高点。

第 2 节　污染物生成机理

1. 一氧化碳(CO)

CO 是一种不完全燃烧的产物,其生成主要受混合气浓度的影响。在过量空气系数小于 1 的浓混合气工况时,由于缺氧使燃料中的 C 不能完成氧化成 CO_2,CO 作为其中间产物生成。在过量空气系数大于 1 的稀混合气工况时,理论上不应有 CO 产生,但实际燃烧过程中,由于混合不均匀造成局部区域的过量空气系数小于 1 条件成立,由局部燃烧不完全产生 CO;或者已成为燃烧产物的 CO_2 在高温时产生热离解反应生成 CO。另外,在排气过程中的未燃 HC 不完全氧化也会产生少量 CO。燃烧终了时的 CO 浓度一般取决于燃气温度,但由于发动机膨胀过程中缸内温度下降很快,以至于温度下降速度远快于气体中各成分建立新的平衡过程的速度,使实际的 CO 浓度要高于排气温度相对应的化学平衡浓度,即产生"冻结"现象。根据经验,汽油机排气中的 CO 浓度近似等于 1700 K 时的 CO 平衡浓度。

2. 氮氧化物(NO_x)

发动机燃烧过程中主要生成 NO,另有少量的 NO_2,一般情况下 N_2O 极少可忽略不计。NO_2 的生成量随过量空气系数而变,汽油机的过量空气系数较小,一般 NO_2 的生成量与 NO_x 量之比为 1%～10%;而柴油机过量空气系数较大,一般 NO_2 的生成量与 NO_x 量之比为 5%～15%。燃烧过程中产生的 NO 经排气管排至大气中,在大气条件下缓慢地与 O_2 反应,最终生成 NO_2。因而在讨论 NO_x 在燃烧中的生成机理时,一般只讨论 NO 的生成机理。

3. 碳氢化合物(HC)

HC 在柴油机和汽油机中的生成机理有所不同,这主要是因为两者的混合气形成和燃烧方式不同。另外,非排气 HC 也是不可忽视的污染源。以下分别进行介绍。

1) 汽油机 HC 生成机理

在以预制均匀混合气进行燃烧的汽油机中,HC 与 CO 一样,也是一种不完全燃烧(氧化)的产物,因而与过量空气系数有密切关系。但即使过量空气系数大于等于 1 的条件下,往往也会产生很高的 HC 排放,这是因为 HC 还有淬熄和吸附等其他生成原因,液化石油气和压缩天然气等燃气发动机中 HC 的生成机理与汽油机基本相同。怠速及高负荷工况时,可燃混合气浓度处于过量空气系数小于 1 的过浓状态,加之怠速时残余废气系数较大,造成不完全燃烧;失火也是汽油机 HC 排放的重要原因;另外,汽车在加速或减速时,会造成暂时的混合气过浓或过稀现象,也会产生不完全燃烧或失火。

燃烧过程中,燃气温度高达 2000 ℃以上,而气缸壁面温度在 300 ℃以下,因而靠近壁面的气体,受低温壁面的影响,温度远低于燃气温度,并且气体的流动也较弱。壁面淬熄效应是指温度较低的燃烧室壁面对火焰的迅速冷却(冷激),使活化分子的能量被吸收,燃烧链反应中断,在壁面形成厚约 0.1～0.2 mm 的不燃烧或不完全燃烧的火焰淬熄层,产生大量未燃 HC。

图 5-1 为汽油机排气中 HC 排放的变化情况。

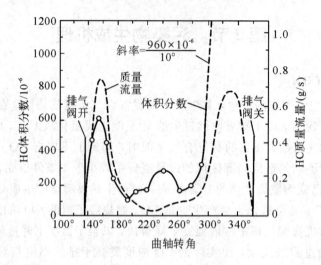

图 5-1　汽油机排气中 HC 排放的变化情况

2）柴油机 HC 生成机理

由于柴油机的燃烧是扩散燃烧，燃油在燃烧室内的停留时间要比汽油机短得多，绝大部分工况的过量空气系数远大于汽油机，因而其混合气浓度梯度极大，喷雾核心的过量空气系数接近于 0，而燃烧室周边区域的过量空气系数趋向于∞，即几乎没有燃油（尤其是小负荷时），因而受淬熄效应和油膜及积碳吸附的影响很小，这是柴油机 HC 排放低于汽油机的原因。当然，如果燃油喷雾特性与缸内气流运动特性匹配不好，使得燃油被喷射到壁面上，也会由于吸附和淬熄效应，造成 HC 排放增高。图 5-2 为柴油喷雾与 HC 生成的关系。

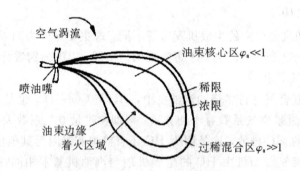

图 5-2　柴油喷雾与 HC 生成的关系

4. 微粒及碳烟

由于汽油机采用预混合燃烧方式，除了因使用高含铅量汽油而引起含铅微粒排放，以及将润滑油混入汽油中进行润滑的二冲程发动机外，一般可以认为汽油机不产生微粒。而柴油机采用扩散燃烧方式，这就决定了柴油机产生碳烟和微粒是不可避免的。

微粒是烃类燃料在高温缺氧条件下裂解生成的，但其详细的机理，即从燃油分子到生成碳烟颗粒整个过程中的化学动力学反应及物理变化过程尚不十分清楚。一般认为，当燃油喷射到高温的空气中时，轻质烃很快蒸发气化，而重质烃会以液态暂时存在。液态的重质烃在高温缺氧条件下，直接脱氢碳化，成为焦炭状的液相析出型碳粒，其粒度一般比较大。而蒸发气化了的轻质烃，经过如图 5 - 3 所示的不同的复杂途径，产生气相析出型碳粒，粒度相对较小。其衍化过程为：首先，气相的燃油分子在高温缺氧条件下发生部分氧化和热裂解，生成各种不饱和烃类，如乙烯、乙炔及其较高的同系物和多环芳香烃，它们不断脱氢形成原子级的碳粒子，逐渐聚合成直径 2 nm 左右的碳烟核心（碳核）；气相的烃和其他物质在碳核表面凝聚，以及碳核相互碰撞发生的凝聚，使碳核继续增大，成为直径 20～30 nm 的碳烟基元；而碳烟基元经过相互聚集形成直径 1 μm 以下的球状或链状的多孔性聚合物。重馏分的未燃烃、硫酸盐以及水分等在碳粒上吸附凝集，形成排气微粒。

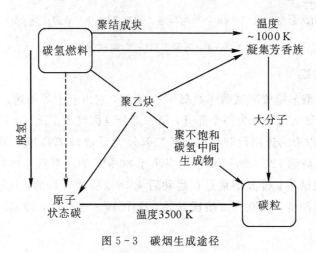

图 5 - 3 碳烟生成途径

第 3 节 排 放 法 规

目前世界上的排放法规主要有三个体系，即美国、日本和欧洲体系。我国及其他各国基本是在参照欧洲法规的基础上制定本国的排放法规。

一、轻型车排放法规

1. 美国排放法规

世界上最早的工况法排放法规于 1966 年诞生在美国加利福尼亚州，称为加州标准测试循环，并于 1968 年被美国联邦政府采纳作为联邦排放法规。1972 年联邦政府开始采用美国城市标准测试循环 FTP - 72，这是根据对洛杉矶市早晨上班时大量汽车实测行驶工况的统计获得的，也称 LA - 4C 冷启动工况测试循环。1975 年，FTP - 72 测试循环被扩充为 FTP - 75 测试循环，并沿用至今。

FTP - 75 测试循环如图 5 - 4 所示。试验时要求被测车辆在 20 ℃～30 ℃ 的恒温条件下放置 12 小时以上。整个测试循环分 4 段进行，即过渡（冷启动）阶段、稳定阶段、发动机熄火 10 min、然后再重复一次过渡（热启动）阶段。在第 1、2、4 阶段里收集排气，分别采入不同气袋里，将排放测量值分别乘以图中的加权系数，相加后除以总行驶距离，得到比排放量（g/mile）。

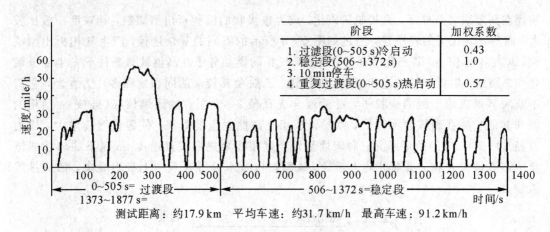

阶段	加权系数
1. 过滤段(0~505 s)冷启动	0.43
2. 稳定段(506~1372 s)	1.0
3. 10 min停车	
4. 重复过渡段(0~505 s)热启动	0.57

测试距离：约17.9 km　平均车速：约31.7 km/h　最高车速：91.2 km/h

图 5-4　美国 FTP-75 测试循环

2. 欧洲排放法规

欧洲现行的轻型车排放测试循环如图 5-5 所示，它由若干等加速、等减速、等速和急速工况组成。整个测试循环分为两个部分，第一部分也称城市工况，由反复 4 次的 15 工况（ECE15）构成，模拟市内道路行驶状况；第二部分为反映城郊高速公路行驶状况的城郊工况，最高车速提高到 120 km/h（对于功率小于 30 kW 的小型汽车可降为 90 km/h）。欧洲 1 和 2 阶段的测试中，排放测量是在启动后 40 s 以后才开始的，这样冷启动时较高的污染物排放就无法测得，从欧洲 3 阶段开始，这个 40 s 被取消，即实际排放控制水平要求更严。

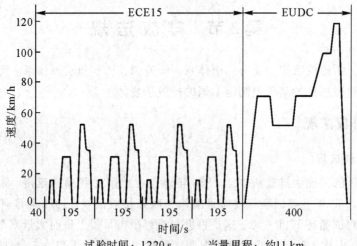

试验时间：1220 s　　　当量里程：约11 km
平均车速：32.5 km/h　最高车速：120 km/h
小排量汽车最高车速：90 km/h

图 5-5　欧洲测试循环（ECE15＋EUDC）

3. 我国排放法规

我国于 1984 年 4 月 1 日开始实施排放法规，最初的 GB3842～3844—83 分别为四冲程汽油车急速排放、柴油车自由加速烟度、车用柴油机全负荷烟度排放标准，仅规定了单一简单工况的排放限值，也未控制 NO$_x$ 排放。后经调研分析，认为欧洲法规及测试规范适合我国实际情况，于 1989 年颁布了轻型车排放标准 GB11641—89 及其测试方法 GB11642—89，排放标准基本参照欧洲 20 世纪 70 年代末至 80 年代中的 ECE15-03 法规，只是 HC 限值略宽松，测试规范同 ECE15-04 法规，采用 15 工况测试循环。

　　2013 年，环保部公布了轻型汽车国 V 排放标准，汽油车的氮氧化物进一步减排 25%，并增加了污染控制新指标颗粒物粒子数量。该标准 2018 年 1 月 1 日将在全国实施。北京正在实施的京 V 标准将废止，改为提前实施国 V 标准。国 V 排放标准和欧洲正在实施的第五阶段轻型车排放水平相当。相比国 IV 排放标准（2005 年发布），国 V 标准大幅度加严了污染物排放限值。国 V 标准中，汽车污染控制装置的耐久性里程翻倍，由原来的 8 万公里增加到 16 万公里。即在 16 万公里之内，汽车污染物排放应达到本标准限值要求。国 V 标准实施方案进一步突出了"车、油适配"原则。车用柴油 V 标准于 2017 年 12 月 31 日实施。国 V 汽油标准过渡期同样至 2017 年底。2018 年 1 月 1 日起，不论是车还是油，都将同时正式进入"国 V"时代。

　　轻型车排放控制的进程如图 5-6 所示。

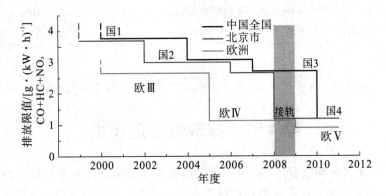

图 5-6　轻型车排放控制的进程

二、重型车排放法规

　　重型车的排放检测只要求在发动机台架上进行，其结果用发动机的比排放量（g/(kW·h)）表示。

　　美国加州和联邦分别于 1969 年和 1970 年规定对 2.7 t 以上重型车用汽油机采用 9 工况台架试验方法。我国也于 1993 年后开始采用 9 工况法，该试验方法适用于最大总质量大于 3500 kg 的车用汽油机，该测试循环由 1 个怠速和 8 个等速、加速、减速和挂挡滑行等工况组成，也称 9 工况测试循环。试验中发动机在规定的转速 $n=2000$ r/min 下运转，每个工况运行 60 s，对车辆加减速的模拟是通过改变发动机负荷来实现的，整个测试循环重复两次。测量结果按加权系数处理后，分别得到 CO、HC 的 NO$_x$ 比排放量指标（g/(kW·h)）。

　　13 工况法是目前应用最广泛的重型车用柴油机排放测试循环。图 5-7 为欧洲 13 工况循环（ECE R49）及各点的加权系数，它由额定转速和最大转矩转速的各 5 个工况点以及 3

次怠速工况共计 13 个工况点组成，测量在稳态条件下进行。我国从 2000 年起也等效采用欧洲 13 工况法（GB17691—1999），这种方法最先是由美国加州在 1971 年提出，美国联邦于 1974 年也采用了这种方法，只是加权系数与欧洲的有所不同。另外，日本对重型汽油车和重型柴油车均采用 13 工况法，但两者的工况点分布和加权系数并不相同。

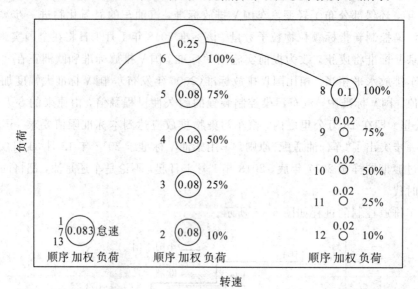

图 5-7　欧洲 13 工况法测试循环（ECE R49）的工况点及其加权系数

第 4 节　排放后处理技术

20 世纪 70 年代中期以前，内燃机的排放控制主要采用以改善发动机燃烧过程为主的各种机内净化技术，随着排放法规的日益严格，人们开始考虑包括催化转化器在内的各种排气后处理技术。三效催化剂（Three Way Catalyst，TWC）的研制成功使汽车排放控制技术产生了突破性的进展，它使汽油车排放的 CO、HC 和 NO_x 同时降低 90% 以上。同时，各种柴油机排气后处理技术也在加紧研究开发中。

一、汽油机排气后处理技术

汽油机排气后处理技术主要包括热反应器、催化转化器，而催化转化器又可分为氧化型、还原型、氧化还原（三效）型以及稀燃型。

1. 热反应器

汽油机工作过程中的不完全燃烧产物 CO 和 HC 在排气过程中可以继续氧化，但必须有足够的空气和温度以保证其高的氧化速率。如图 5-8 所示，在紧靠排气总管出口处装有热反应器，它有较大的容积和绝热保温部分，使反应器内部温度高达 600℃～1000℃。同时在紧靠排气门处喷入空气（即二次空气），以保证 CO 和 HC 氧化反应的进行。这种系统若设计匹配合理，可得到 50% 以上的净化效率，但对 NO_x 无净化效果。为保持较高的排气温度，一般要加浓空燃比以及推迟点火时间，因而会导致燃油消耗率升高。

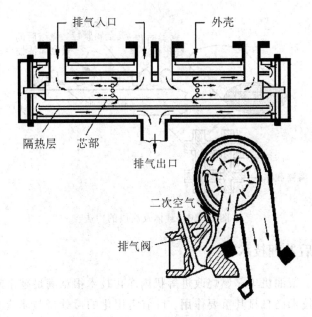

图 5-8　排气热反应器

2. 催化转化器

　　催化剂可以提高化学反应速度以及降低反应的起始温度，而本身在反应中并不消耗，催化转化器是目前各类排气后处理技术中应用最广泛的技术。催化转化器也简称为催化器，如图 5-9 所示，由壳体、减振垫、载体及催化剂涂层四部分组成。而所谓催化剂是指涂层部分或载体和涂层的合称。催化剂是整个催化转化器的核心部分，它决定了催化转化器的主要性能指标。

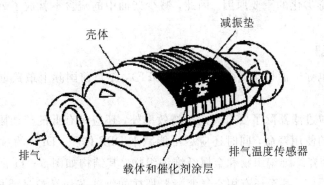

图 5-9　催化转化器结构及组成

　　起催化作用的活性材料一般为铂（Pt）、铑（Rh）和钯（Pd）三种贵金属（每升催化剂中贵金属含量为 0.5～3.0 g），同时还有作为助催化剂成分的铈（Ce）、镧（La）、镨（Pr）和钕（Nd）等稀土材料。贵金属材料以极细的颗粒状散布在以 $\gamma - AL_2O_3$ 为主的疏松催化剂涂层表面，涂层则涂在作为催化剂骨架的蜂窝状陶瓷载体或金属载体上，如图 5-10 所示。目前 90% 的车用催化剂使用陶瓷载体。

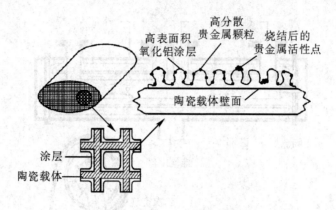

图 5-10　载体及涂层的构造

二、柴油机排气后处理技术

与汽油机一样，柴油机单靠燃烧改进等机内净化技术很难满足越来越严格的排放法规要求，排气后处理技术已日显其重要作用。目前实用化的后处理技术有以下几种：氧化催化转化器、微粒捕集器和 NO_x 还原催化转化器。

1. 氧化催化转化器

采用氧化催化剂的目的主要是降低微粒中的可溶性有机组分 SOF 中的大部分碳氢化合物，以及使本来已不成问题的 HC 和 CO 进一步降低。同时对目前法规尚未限制的一些有害成分（如 PAH、乙醛等）也有净化效果。柴油中所含的硫燃烧后生成 SO_2 经催化器氧化后变为 SO_3，然后与排气中的水分化合生成硫酸盐。催化氧化效果越好，硫酸盐生成越多，甚至达平时的 8~9 倍，不但抵消掉了 SOF 的减少，甚至反而使微粒排放上升。同时，硫也是催化剂中毒劣化的重要原因。因此，减少柴油中的硫含量就成了氧化催化器实用化的前提条件。

2. 微粒捕集器

微粒捕集器也称柴油机排气微粒过滤器（DPF），是目前国际上最接近商品化的柴油机微粒后处理技术。

一个好的微粒过滤器除了要有高的过滤效率外，还应具有低的流通阻力，所用材料应耐高温并有较长的使用寿命，同时还应尽可能减小 DPF 体积。DPF 的过滤材料可以采用陶瓷蜂窝载体、陶瓷纤维编织物和金属纤维编织物，其结构如图 5-11 所示，另外用金属蜂窝载体的也有很多，甚至还有用空气滤清器那样的纸滤芯作微粒过滤材料的。其中，图 5-11(a)所示的壁流式陶瓷载体微粒捕集器对微粒的过滤效率可达 60%~90% 甚至更高，实用化的可能性最大。

一般 DPF 只是一种降低排气微粒的物理方法。随着过滤下来的微粒的积存，过滤孔逐渐堵塞，使排气背压增加，导致发动机动力性和经济性恶化。因此必须及时除去 DPF 中的微粒，除去 DPF 中积存微粒的过程称为再生，这是目前 DPF 实用化中的最大障碍，目前被认为有希望的 DPF 再生方法有断续加热再生和连续催化再生两类，后者具有装置简单及不耗费外加能量等优点，有很好的实用前景。

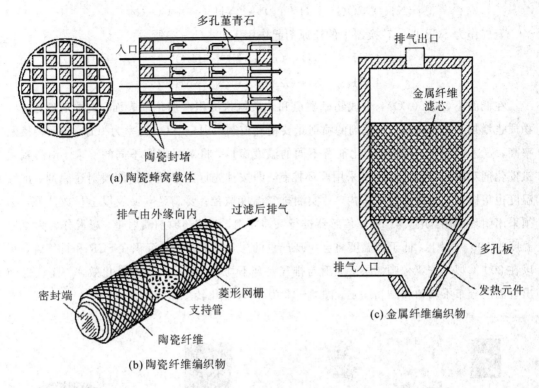

图 5-11　微粒捕集器的过滤材料

3. 柴油机 NO$_x$ 还原催化剂

针对柴油车开发还原催化剂是一项难度很大的研究工作，尚未达到实用阶段，这主要存在以下原因：

（1）在柴油机排气这样的高度氧化氛围中进行 NO$_x$ 还原反应，对催化剂性能要求极高；

（2）柴油机排温明显低于汽油机排温；

（3）柴油机排气中含有大量 SO$_x$ 和微粒，容易导致催化剂中毒。

目前，研究开发中的柴油机 NO$_x$ 后处理方法主要有：选择性非催化还原（SNCR）、选择性催化还原（SCR）、非选择性催化还原（NSCR）和吸附还原催化剂。其中，吸附还原催化剂已成功地用于稀燃汽油机，在柴油机上使用时，应考虑如何造成吸附还原催化剂再生时所需的还原氛围。另外，如果能使微粒和 NO$_x$ 互为氧化剂和还原剂，则有可能在同一催化床上同时除去 NO$_x$、PM（微粒）、CO 和 HC，这种"四效催化剂"将是最理想的柴油机排气净化方法。围绕这一目标的大量基础性研究也在进行。

4. SCR 催化转化系统

SCR（Selective Catalytic Reduction）催化转换系统是欧洲经长期研究并趋于成熟的降低 NO$_x$ 排放的后处理装置，已经在欧洲重型车上推广使用。SCR 系统的工作原理如下，用 32.5％尿素溶液喷入柴油机废气中，尿素溶液蒸发，并分解为 NH$_3$，如式（5-1）所示。

$$(NH_2)_2CO(s) + H_2O(g) \rightarrow 2NH_3(g) + CO_2(g) \qquad (5-1)$$

氨气作为 SCR 催化转换器中的还原剂起作用，如式（5-2）所示。

$$4NH_3 + 4NO + O_2 \rightarrow 4N_2 + 6H_2O$$

$$4NH_3 + 2NO + 2NO_2 \rightarrow 4N_2 + 6H_2O \qquad (5-2)$$

在低温下（$\leqslant 250\ ℃$），生成物硝酸氨和硫酸氨将沉积在催化剂表面，失去活性，这些物质也增加了 PM 排放。还原剂的喷射量要精确控制，NH_3/NO_x 比率为 1 时，表示转换效率高，氨逸出量小。不同的催化剂有不同的温度窗口，将对标定有不同的要求，铂和氧化钒催化剂对硫较敏感。SCR 可采用开环控制，即按预先标定好的脉谱图喷射还原剂，排气温度也将标定在温度窗口范围内，并实测排气温度监控；要满足欧 V 及以上排放法规，必须采用闭环控制，用实测 NO_x 传感器进行反馈控制，调节还原剂喷射量。尿素分解为氨的温度为 200 ℃ 以上，低于该温度将会出现严重的尿素结晶问题，沉积在 SCR 和排气管，所以在 200 ℃ 以下尿素停喷。尿素喷射与排气混合不均匀时，不但影响转化效率，而且也会出现温度分布不均匀和结晶问题。图 5-12 为 SCR 催化转化系统示意图。

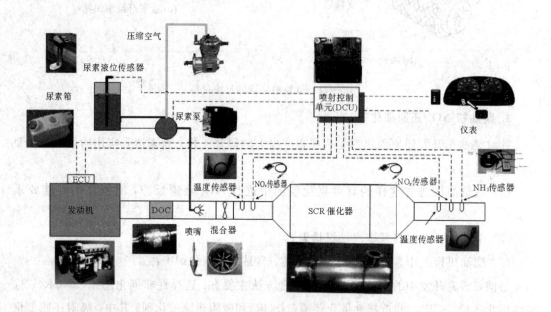

图 5-12　SCR 催化转化系统示意图

5. 低温等离子体催化器

低温等离子体（Non-Thermal Plasma，NTP）催化器的特点是可以同时处理 NO_x 和 PM，并且对柴油的含硫量不敏感。利用高压（几万伏以上）脉冲放电或其他放电方法，可在排气中形成等离子流，具备 3~4 eV 平均电子能量，能量消耗为 30 J/L，使排气温度升高 7 ℃。NTP 的后处理功能不在 NTP 自身直接的结果，而在于等离子放电所产生的电子和正离子撞击排气管内的气体分子（O_2、N_2、NO、NO_2、CO、CO_2、H_2O、HC 和碳粒）产生一些活性根，从而导致一系列化学反应所致。其中主要的为：

$$O_2 + e^- \rightarrow O + O + e^- \tag{5-3}$$

$$O + HC \rightarrow RO, RO_2, OH \cdots \tag{5-4}$$

式(5-5)中，RO 指醛类，包括甲醛 CH_2O 和乙醛 CH_3CHO；RO_2 指过氧根；OH 指氢氧根。由此排气中的 NO 将产生以下反应：

$$NO + O \rightarrow NO_2$$

$$NO + RO_2 \rightarrow NO_2 + RO \tag{5-5}$$

$$NO + OH \rightarrow HNO_2$$

图 5-13 示出等离子体催化剂对 NO_x 和 HC 的后处理效果，由图可以看出，NaY 是指在沸石钇中注入钠，Cu-ZSM 指铜沸石，沸石催化剂 B 是主要由沸石和非贵金属组成的催化剂。

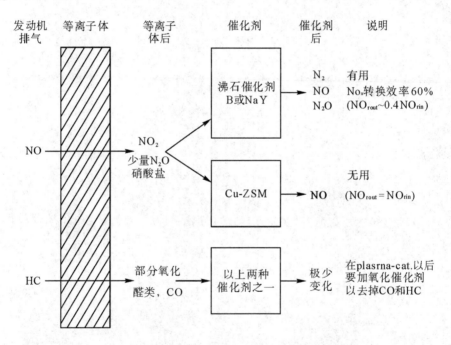

图 5-13 低温等离子体对 NO_x 和 HC 的后处理效果

等离子体对碳粒的作用，可用以下几个化学反应方程式表示。

$$C + O \rightarrow CO$$

$$C + OH \rightarrow CO + \frac{1}{2}H_2 \tag{5-6}$$

$$C + NO_2 \rightarrow CO + NO$$

这是因为等离子体产生 O 和 OH 根以及把 NO 转化为 NO_2，因此以上氧化反应得以产生。综上所述，等离子体在合适的催化剂帮助下，可以部分氧化 HC 和 NO_2，由 NO_2 转换为 N_2 并产生少量 N_2O，要求空速较低（即在催化器中有较长停留时间），工作温度在 150℃～500℃之间，在实验室中 NO_x 的转换效率可达 60%～70%，纳米级（<150 nm）的微粒数最大可降低 2 个数量级之多。

复习思考题

1. 简述内燃机排放污染物的种类和危害。

2. 简述微粒和氮氧化物的生成机理。

3. 简述轻型车、重型车排放测试循环。

4. 简述汽油机、柴油机的排放后处理技术。

5. 查阅相关文献，分析如何制定符合我国车辆实际使用情况的排放测试循环。以城市公交车为例。

第六章 内燃机试验技术

【学习目标】

通过本章的学习，学生应了解有关内燃机的试验技术，掌握内燃机负荷特性和速度特性的基本概念和特征参数，了解万有特性的绘制方法，掌握内燃机可靠性试验分类和方法，了解内燃机振动和噪声试验的仪器和方法，掌握内燃机喷雾试验，掌握内燃机的相关燃烧试验。

【导入案例】

众所周知，内燃机产品是"试验"出来的，不是"计算"出来的。内燃机的原理及规律是百年来工程技术人员大量实践和经验的总结。通过内燃机试验，有助于全面了解和掌握内燃机的相关知识，提高学生运用所学知识解决实际复杂工程问题的能力。

内燃机是汽车的心脏，其特点是零部件多，使用条件复杂，对性能、使用寿命、成本等方面的要求高，同时，影响内燃机质量和性能的因素很多，涉及领域极为广泛，无论是新设计、新开发的产品还是量产中的产品，都必须通过严格的试验来检验。所以，内燃机生产和技术开发过程中，试验是必不可少的。从另外一个角度来看，内燃机技术的创新和新技术的应用，都离不开先进的试验测试技术，发现新理论、新规律的灵感往往都是在实践和试验中萌发的。因此，内燃机的试验技术是我国汽车工业持续健康发展的重要支撑。

第1节 负荷特性与速度特性

一、负荷特性

内燃机的负荷特性，是指内燃机在保持转速不变的情况下，其主要性能指标随负荷的变化规律。性能指标主要指燃料消耗率、燃料消耗量和排气温度等。负荷特性是内燃机的基本特性，通过负荷特性可以确定在指定转速下的最大许用负荷，确定最低燃油消耗率及其对应负荷。当内燃机的负荷特性用曲线的形式表示出来时，就称其为负荷特性曲线。负荷特性曲线通过内燃机台架试验测取。试验时，改变测功器负荷的大小，并相应调整内燃机的油量调节机构位置，以保持内燃机转速不变，待工况稳定后，依次记录不同负荷下的性能指标，经过整理即可绘出负荷特性曲线。

由于转速不变，内燃机的有效功率 P_e、转矩 T_{tq} 与平均有效压力 p_{me} 之间互成比例关系，均可用来表示负荷的大小。因此，负荷特性的横坐标通常是上述三个参数之一。纵坐标主要是燃料消耗率、燃料消耗量和排气温度，必要时还可以绘出排放指标和机械效率等。

1. 柴油机的负荷特性

图 6-1 为柴油机的负荷特性曲线。由于柴油机的负荷调节采用质调节方式，当负荷增

加时，循环供油量 g_b 就必须增大才能保持 n 不变，故燃油消耗量 B 随负荷的增加而增大。过量空气系数 Φ_a 随 g_b 增加而减小，供油量增多，放热也增多，使排气温度 T_r 随负荷增加而增高。燃油消耗率 b_e 反映了燃烧的完善程度、燃料放出的热能变成指示功的有效程度以及指示功变成有效功的机械效率的高低。有效燃油消耗率 b_e 与有效热效率 η_{et} 成反比，而 η_{et} 又是指示效率 η_{it} 和机械效率 η_m 的乘积，即

$$b_e \propto \frac{1}{\eta_{it}\,\eta_m} \qquad\qquad (6-1)$$

当内燃机负荷为零（不输出动力）时，$p_{me}=0$，所以

$$\eta_m = \frac{p_{me}}{p_{mi}} = \frac{1}{1+\dfrac{p_{mm}}{p_{me}}} = 1 - \frac{p_{mm}}{p_{mi}} \qquad\qquad (6-2)$$

对自然吸气柴油机而言，当其按负荷特性运行时，由于转速不变，其充气系数基本不变，而循环供油量的大小直接与负荷的大小相对应，因此，其过量空气系数 Φ_a 随负荷的增加而减小。

当柴油机处于空载急速状态时，因负荷为零，所以机械效率 η_m 为零，燃油消耗率 b_e 为无穷大。小负荷时，p_{me} 很小，而 p_{mm} 在转速不变的条件下变化不大，所以 η_m 很低，导致 b_e 很高。

当负荷增大时，供油量也应逐渐增大，因而，过量空气系数 Φ_a 逐渐减小。在负荷增大还不致影响缸内燃油完全燃烧的情况下，虽然 Φ_a 逐渐减小，但还不会导致指示效率 η_{it} 的明显下降。而表征燃烧过程质量的比值 η_{it}/Φ_a 将会变大，机械效率 η_m 却随负荷的增大而上升得较快。因此，b_e 曲线在负荷增加时下降很快。

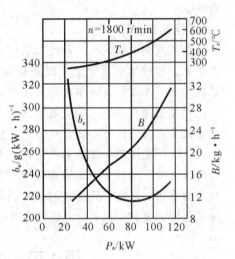

图 6-1　柴油机的负荷特性曲线

柴油机负荷继续增大，过量空气系数 Φ_a 变得更小，η_{it} 开始明显下降。另外，由于负荷的不断增大，柴油机主轴承的机械负荷也逐渐增大，η_m 上升的速度开始减慢，所以，b_e 曲线下降的速度也逐渐减慢。当负荷增大到一定的程度，进入缸内的空气量渐渐不能保证燃油的完全燃烧，η_{it} 下降速度逐渐超过 η_m 上升的速度，因而 b_e 曲线开始上升。若继续增大负荷，此时的供油量已达到所调定的最大油量，其 b_e 值比其最低值要高。如果喷油泵的供油量没有加以限制，且继续增大负荷，则缸内的空气更加不能保证燃油的完全燃烧，b_e 曲线上升的速度将更快，且排气烟色变黑而进入冒烟状态。如果再增大负荷超过冒烟极限，则 b_e 曲线会急剧上升。当负荷增大到柴油机做功能力的极限时，由于充入缸内的空气量有限，额外增加的油量不但本身因缺氧而无法燃烧，而且还夺用了一部分氧气，大部分燃油都将无法充分燃烧。因此，发动机单位排量的循环有效功 p_e 不但没有增大，反而还会减小，且 b_e 曲线更高，排烟更黑。为了保证柴油机安全、可靠、环保地运行，一般不允许它超过冒烟界限工作。

对于增压柴油机而言，由于随着负荷的增大，排气能量增加，涡轮增压器转速上升，增压压力提高，空气密度加大，所以在大负荷时，其 Φ_a 和 η_{it} 的变化较小，燃油消耗率 b_e 曲线较为平坦。

2. 汽油机的负荷特性

当汽油机保持某一转速不变时，其他性能指标随负荷而变化的关系称为汽油机的负荷特性。汽油机负荷调节采用的是"量调节"。图 6-2 为汽油机的负荷特性曲线。当汽油机转速一定时，燃料消耗量主要取决于节气门的开度和混合气成分。当节气门开度逐渐增大时，充入气缸的混合气数量逐渐增加，因此燃料消耗量也随着增加。在节气门开度增大到 $80\%\sim90\%$ 以后，汽油机提供功率混合气，使混合气成分变浓（$\Phi_a=0.8\sim0.9$）。

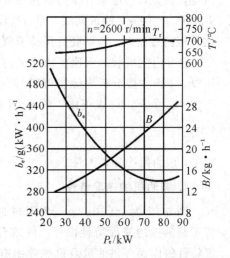

图 6-2　汽油机的负荷特性曲线

负荷变化时，由于混合气总量的增加引起气缸总热量的增加，故排气温度随负荷增加而上升，但由于在大部分区域内过量空气系数变化不大，因此，排气温度上升幅度不大。与柴油机一样，汽油机 b_e 曲线的变化与 η_{it} 和 η_m 的乘积成反比。汽油机机械损失功率 P_m 在转速不变时几乎不变，怠速时汽油机负荷为零，η_m 为零，燃油消耗率 b_e 为无穷大，这时汽油机的指示功完全用于克服其内部的阻力。随着节气门开度的增加，进入气缸的混合气量增多，相比于残余废气量、泵气损失和冷却损失相对减小，使燃烧速率加快，η_{it} 增加，η_m 也迅速增加，燃油消耗率 b_e 迅速下降。在接近于节气门全开时，为了发出最大功率，汽油机提供较浓的混合气，虽然负荷继续增大，但燃烧不完全，b_e 曲线反而升高。在节气门的某一开度，η_{it} 与 η_m 乘积最大，b_e 在此转速下最低。

综合柴油机和汽油机的负荷特性曲线可以看出：

（1）同一转速下，最低燃油消耗率 b_{emin} 愈小，曲线变化愈平坦，燃油经济性愈好。

（2）在中、低负荷区，燃油消耗率 b_e 随负荷的增加而降低，且在低负荷区曲线变化得更快一些。在接近全负荷时（通常在 80% 负荷左右），b_e 达到最小值。以后随着负荷增大，b_e 有所上升。

（3）柴油机的 b_{emin} 比汽油机低 $10\%\sim30\%$，而且燃油消耗率曲线较平坦，部分负荷时低耗油区比汽油机宽广，因而部分负荷下柴油机更省油。从经济性考虑，工程机械和载重汽车一般都应装配柴油机。

二、速度特性

内燃机的速度特性是指内燃机在油量调节机构（油量调节齿条、拉杆或节气门）保持不变的情况下，主要性能指标（转矩、油耗、功率、排气温度、烟度等）随内燃机转速的变化关系。油量调节机构固定在标定功率位置时所测得的速度特性称为全负荷速度特性或标定功率速度特性，简称外特性。油量调节机构固定在标定功率位置以下的任何位置时测取的速度特性称部分负荷速度特性。由于外特性反映内燃机所能达到的最高动力性能，确定最大功率或标定功率、最大转矩及它们相应的转速，因而是十分重要的。内燃机外特性是体现其工作能力的特性。所有内燃机出厂时，至少必须提供外特性数据或曲线。

速度特性也是在内燃机试验台架上测取的。测取速度特性曲线时，将加油齿杆或节气门位量固定，通过调节测功器的负荷改变转速，待内燃机稳定工作后，测出不同转速下的 T_{tq}、B、P_e 和 b_e，绘成曲线，即为速度特性曲线。实际上，当汽车或其他行驶机械沿阻力变化的道路行驶时，若驾驶员保持节气门位置不变，内燃机的转速会因路况的改变而发生变化，这时内燃机就是沿速度特性运行。速度特性中以全负荷速度特性即外特性最为重要，所以，下面主要分析内燃机外特性的变化趋势。外特性曲线中最重要的是内燃机的转矩 T_{tq} 曲线，T_{tq} 与 p_{me} 成正比，而 p_{me} 可表示为

$$p_{me} \propto g_b \eta_{it} \eta_m \propto \frac{\phi_c}{\phi_a} \eta_{it} \eta_m \qquad (6-3)$$

式中，g_b 为每循环供油量。

1. 柴油机的速度特性

图 6-3 为全、中、小三个不同油量调节杆位置下柴油机的速度特性曲线。可以看出，扭矩速度特性线因循环供油量及机械效率有相反变化的趋势，总体上变化较平坦。功率线随转速上升而增大，由于扭矩线较平坦，所以可达到的最大功率点远离最高使用转速。指示燃油消耗率（b_i）线变化平坦，有效燃油消耗率线则随转速上升而上翘度加大。

2. 汽油机的速度特性

测定汽油机速度特性曲线时，除了保持节气门开度不变之外，各工况均须调整到最佳点火提前角，而过量空气系数则要按理想值来标定。此外，水温、油温、油压等均应保持正常稳定的状态。

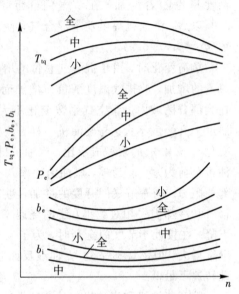

图 6-3　柴油机的速度特性

图 6-4 为全、中、小三个不同负荷下汽油机的速度特性曲线。可以看出，转矩线在某一较低转速处有最大值，然后随转速上升而较快下降，转速愈高，降得愈快。部分特性线则随节气门开度减少急剧降低。指示效率对速度特性曲线的影响不大，仅使高、低转速处的转矩值略降低。功率线呈随转速上升而加大的趋势，到一定转速后转矩下降率高于转速上升率，汽油机外特性上这一转折点即 P_{emax} 点（标定功率点）。指示燃油消耗率 b_i 与 η_{it} 成反比，故其速度特性线中间平坦，两头抬高。有效燃油消耗率随转速上升上翘幅度加大，油门开度愈小，则弯曲度愈厉害。

综上所述，汽油机的速度特性与柴油机相比，主要差别有下列两点：

（1）柴油机的 T_{tq} 曲线都比较平坦，在油门调小后，T_{tq} 甚至随 n 而升高；而汽油机的曲线基本上是

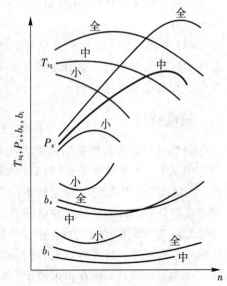

图 6-4　汽油机的速度特性

随着 n 的升高而降低，节气门开度越小，这种降低的趋势越强烈，导致 P_e 曲线在高转速段上升趋缓，甚至开始下降。

（2）柴油机的 b_e 曲线都比较平坦，仅在高低速两端略有上翘，经济运行的转速范围很宽；而汽油机的 b_e 曲线一般均随 n 的提高而上升，只是在最低速端略有上翘，而且当节气门关小时，b_e 迅速增大，特别在高速范围尤其剧烈，经济运行的转速范围窄。

第2节　万有特性

内燃机特性曲线基本上有负荷特性和速度特性两种。负荷特性和速度特性分别从不同的角度反映内燃机的主要性能参数随负荷和转速变化的规律，从而可以基本评价内燃机的性能和判断是否能满足配套装置的要求。由于负荷特性是在转速不变的情况下测得的，速度特性是在油量调节机构固定的情况下测得的，而车用内燃机在实际工作中转速和负荷都是变化的，因而要全面分析内燃机在各工况下的性能就需要许多张负荷特性图或速度特性图。为了能在一张图上较全面地表示内燃机的性能，经常应用多参数的特性曲线，称为万有特性。

万有特性一般以转速为横坐标，以负荷（平均有效压力 p_{me} 或者转矩 T_{tq}）为纵坐标，在图上绘出若干条重要特性的等值曲线族，其中最重要的就是燃油消耗率 b_e，图 6-5 为两种内燃机的典型万有特性曲线图。通常根据需要，还可以在万有特性曲线上绘出等节气门开度线、等排气温度线、等过量空气系数线以及各种排放参数线等。

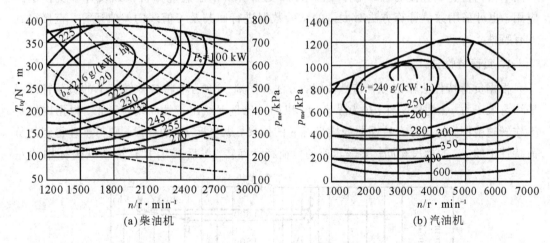

(a)柴油机　　　　　　　　　　　　　　(b)汽油机

图 6-5　内燃机的万有特性

一、万有特性的作用

从万有特性中，可清楚地了解内燃机在各种工况下的性能，很容易找出最经济的负荷和转速。在万有特性图上，最内层的等有效燃油消耗率曲线相当于最经济的区域，曲线愈向外，经济性愈差。等油耗线的形状及分布情况对内燃机使用经济性有重要影响。如果曲线的形状在横向上较长，则表示内燃机在负荷变化不大、而转速变化较大的情况下工作时，有效燃油消耗率变化较小。如果曲线形状在纵向较长，则表示内燃机在负荷变化较大、而转速变化不大的情况下工作时，有效燃油消耗率变化较小。

内燃机用途不同，对万有特性的要求也不同。对于车用内燃机，希望最经济区在万有特性的中间位置，使常用转速和负荷落在最经济区域内，希望等有效燃油消耗率线沿横坐标方向长一些，而且对轿车和轻型车偏低速小负荷，对货车和重型车偏高速大负荷。对于工程机械用内燃机，转速变化小而负荷变化范围较大，最经济区最好在标定转速附近，且沿纵坐标方向上较长。

汽油机和柴油机的万有特性有明显差异。首先，汽油机的 b_e 普遍比柴油机高；其次，汽油机的最经济区域处于偏向高负荷的区域，且随着负荷的降低，油耗增加较快，柴油机的最经济区则比较靠近中等负荷的区域，且负荷改变时，油耗增加较慢。所以，在实际使用时，柴油车与汽油车在燃油消耗上的差距，比它们在最低燃油消耗率 b_{emin} 上的差距更大。车辆的行驶阻力与车速有关，作用在内燃机曲轴的负荷主要决定于行驶阻力和所挂排挡。同样的车速和行驶阻力下，要求内燃机输出功率是一定的，但在同样功率下排挡不同时，换算到曲轴的阻力矩不同。由图 6-5(a) 中等功率线可看出，同样的功率可以有不同的转矩 T_{tq} 和转速，相应地 b_e 也不同。车辆运行时，应选择合适的排挡，提高负荷率，以保证内燃机负荷和转速在低油耗区范围内。

二、万有特性曲线的绘制方法

根据内燃机类型的不同，万有特性曲线有两种绘制方法，即负荷特性法和速度特性法。对于柴油机，一般是依据不同转速下的负荷特性，用作图法求得；对于汽油机，则根据不同节气门位置的速度特性，用作图法求得。近年来，由于燃烧分析仪以及计算机技术的应用，也可采用数值计算方法对大量的试验数据进行回归及等值线的差值运算，直接得到万有特性。

1. 负荷特性法

根据负荷特性法作出万有特性曲线，方法如图 6-6 所示。将各种转速下的负荷特性以平均有效压力 p_{me} 为横坐标，b_e 为纵坐标，以同一比例尺绘出特性曲线若干张。根据内燃机工作转速范围，标出万有特性曲线横坐标 n 的标尺，纵坐标 p_{me} 的标尺，则与整理得到的负荷特性上的 p_{me} 的标尺相同。某一转速的负荷特性旋转 90° 后置于万有特性纵坐标轴的左

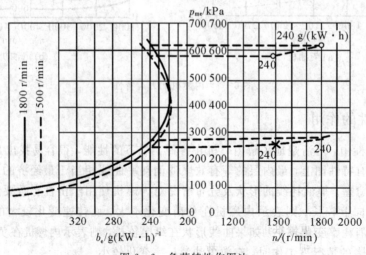

图 6-6　负荷特性作图法

侧，使同样是平均有效压力的两个坐标对齐。在负荷特性图上引出若干条等燃油消耗率曲线与 b_e 线相交，每条线各有一至二个交点；再从每个交点引水平线至万有特性上与负荷特性线相同转速的位置上，获得若干新的交点。在每一交点上标注出燃油消耗率的数值。更换另一转速下的内燃机负荷特性，按照与上述同样的方法，得到另一转速位置下的若干交点。在交点上同样标注出相应的燃油消耗率数值。所有转速下的负荷特性经过这样的转换后，依次将 b_e 值相等的点连成光滑曲线，即可得到万有特性曲线上的等燃油消耗率曲线。等功率曲线可根据 $P_e = K p_{me} n$ 作出，其中 K 对于给定的内燃机为常数，这样，在 p_{me}-n 坐标中，等功率曲线为一族双曲线。将内燃机的全负荷的速度特性线 $p_{me} = f(n)$ 的关系画在万有特性图上，就构成了万有特性的上边界线。

2. 速度特性法

以汽油机为例，速度特性作图法如图 6-7 所示。在图中上方绘出不同节气门开度下的速度特性曲线上的转矩曲线(以平均有效压力 p_{me} 表示)，在曲线尾端标出相应的节气门开度。在曲线的下方绘出相应节气门下的燃油消耗率曲线 b_e，同样注明节气门开度的百分数。在 b_e 的坐标轴上，因若干条等燃油消耗率的水平线与曲线相交，每一水平线与 b_e 曲线族均有一组交点。通过交点引铅垂线向上与相应开度的转矩曲线相交，得到一组新的交点，并注明燃油消耗率数值。此时，同一组交点的 b_e 值是相等的。将等 b_e 值的各个点连成光滑的等值线，并标上相应的数值，从而得到万有特性上的等燃油消耗率曲线。这样，不同节气门开度下的速度特性全部反映在一张图中。

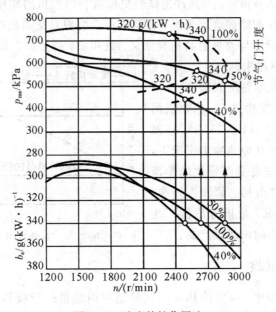

图 6-7　速度特性作图法

第 3 节　可靠性试验

可靠性是内燃机的重要性能指标，可靠性试验属于破坏性试验，其目的是暴露内燃机产品实际使用时可能出现的技术问题，故可靠性试验的技术规范至关重要。目前国内各厂家多依据 GB/T 19055—2003《汽车发动机可靠性试验方法》为试验指导，并采用其交变负荷循环试验和冷热冲击试验进行相关测试。

一、交变负荷循环试验

交变负荷试验一般采用"矩形"或"锯齿形"循环试验方法，其试验规范示意图如图 6-8 所示。该试验方法兼顾内燃机产品的实际使用工况和模拟零件故障形式，能达到加速强化试验的目的，而且可以根据内燃机的不同使用要求，灵活设计不同的具体试验规范。该规范基本采用中高转速，增加了负荷产生的应力交变频率及温度，提高了质量惯性所产生的应力及频率，能够考核内燃机在大扭矩和高转速条件下整机的工作情

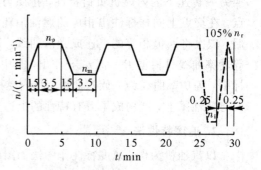

图 6-8　交变负荷试验规范示意图

况，同时也考核了发动机各关键零部件的可靠性，如活塞、水泵、气门等。测试中，内燃机始终处于非稳定工况，零件受到额外的冲击力，润滑表面油膜容易破裂，对零件的强度和耐磨性是严峻的考验，从而达到较好的测试效果，考核内燃机的工作极限。

二、冷热冲击试验

与交变负荷循环试验相比，冷热冲击试验更加符合内燃机的使用工况条件，能够准确反映柴油机各种零部件的摩擦磨损情况，以及零部件磨损对柴油机性能的影响贡献度，测试结果对于柴油机的设计与改进更具指导意义。近年来，冷热冲击试验逐步被国内主流汽车厂家接受，应用范围越来越广。

冷热冲击试验规范示意图如图 6-9 所示。可以看出，在该测试模式下，内燃机的冷却液温度变化范围为 34℃～110℃。该测试方法能够反映内燃机在冷热冲击工况下，其各种零部件受热状态突变而导致的零部件摩擦、磨损、压紧件滑移、紧固件开裂、运动件松脱等工作情况，故该方法被广泛地用于考核设计过程中的内燃机产品。

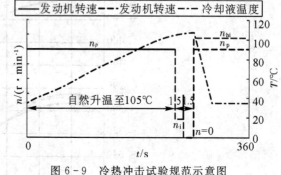

图 6-9　冷热冲击试验规范示意图

三、深度冷热冲击试验

与冷热冲击试验相比，深度冷热冲击试验是对内燃机进行极热极冷条件下的试验考核。一般来讲，其冷却液温度控制范围为 -30℃～120℃，单个循环响应时间为 120 s；润滑油温度控制范围为 -20℃～140℃，单个循环响应时间为 600 s。该测试模式主要用于考核内燃机各种密封垫片尤其是气缸垫片在极度的条件下的密封和可靠性，也可以考核发动机各个主要零部件在极度冷热变化情况下的机械强度和可靠性。该试验方法也常用于设计过程中发动机结构和强度的验证。因此，深度冷热冲击试验也是检验发动机零部件设计是否合理的一种有效手段。深度冷热冲击试验规范示意图如图 6-10 所示。

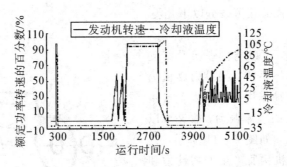

图 6-10　深度冷热冲击试验规范示意图

四、其他可靠性试验方法

为了对发动机进行针对性的考核，现在可靠性试验方法也有较多的专项考核。

（1）超速试验。该试验方法主要是为了考核汽车不慎在高速比挡位下坡超速滑行时，配气机构、连杆、螺栓等工作的可靠性。同时，也考核发动机整机的振动疲劳。一般超速试验的转速范围为额定转速的 120%～130%。

（2）超负荷试验。为了评价发动机磨损率，检查零部件在最大循环温度变化条件下发动机的机械完整性，一般采用超负荷试验方法。试验过程中，零部件受到最大的热输出，最大的机械负荷和最大的动载荷的冲击。温度的变化是由高速高负荷快速向低速低负荷转换引起的。

（3）启动-怠速-停止试验。该试验方法主要考核曲柄、曲轴减振器、曲轴皮带轮、飞轮和启动电机等的可靠性。

（4）排气歧管及密封垫急热和热疲劳试验。该试验方法主要考核发动机排气歧管总成和相关垫片在深度热循环和机械循环试验条件下的可靠性。

（5）增压器专项考核试验。由于增压器的工作转速远远高于发动机转速，一旦有故障，其危险性也相当巨大。为充分暴露增压器的问题，增压器主要工作在高温高转速的恶劣条件下，这对增压器的考核相当苛刻。

第 4 节　振动与噪声试验

一、振动测量试验

内燃机发生各类振动的激励主要来自气缸内的压力，以及由于主运动机构的运动而产生的惯性力；此外，内燃机的其他系统，如配气机构、喷射系统引起的振动和冲击，加之由于各摩擦副之间的间隙，在运动过程中产生的冲击以及配套中负荷不均匀所引起的振动等。在理论的分析研究和实际的设计中，振动的测量成为一个必不可少的手段。总的来说，振动测量的目的是为了寻找产生振动的原因，改进内燃机结构设计，合理设计弹性支撑和减少由共振造成的损失。

1. 内燃机振动分类

内燃机振动具有激励源多、激励频带宽的特点，很难用一种振动类型加以概括。内燃机的振动按其振动形式大致可以分以下几类。

1）整机振动

研究整机振动时，可以将内燃机及其支撑简化为单质量多支撑系统。假设内燃机为绝对刚体，在各种激励作用下，作多个自由度(x，y，z，α，β，γ）的刚体振动，故又可以称之为整机刚体振动，如图 6 - 11 所示，其激励力为各曲柄连杆机构所产生的惯性力和惯性力矩，以及由惯性力和气体力共同作用所引起的倾倒力矩。

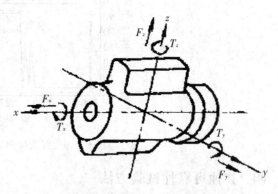

图 6 - 11　作用在内燃机上的力和力偶以及坐标系

严重的整机振动会降低内燃机工作的可靠性和使用寿命，损坏相互之间的连接管道，并对周围环境产生振动噪声。内燃机整机振动强度是总体振动品质的反映，它包含有关内燃机设计性能（平衡）好坏、制造水平、内燃机状况及其变化的丰富信息。一般所说的内燃机振动即指整机振动。当激励频率较高时，内燃机机体和支撑座等处的弹性便不可忽略。

2）轴系振动

多缸内燃机轴系包括曲轴、凸轮轴和传动轴等。它们的扭转刚度较小，在周期性变化的曲轴转矩、凸轮轴阻力矩等激励下，会出现扭转振动。严重的扭转振动除了会引起轴系断裂外，还会破坏各工作气缸之间的相位关系，恶化内燃机的工作状况和平衡性能，导致功率下降等。

3）结构振动

结构振动主要指具有弹性的内燃机结构部件，如活塞、连杆、曲轴、机体等，在燃烧气体作用力和惯性力作用下激起多种形式的弹性振动，它是诱发内燃机燃烧噪声和活塞敲击噪声的根源。内燃机中还有许多其他板壳结构，如油底壳、气门室盖等。也有一些悬臂安装的部件如进气管、排气管、齿轮罩盖等。它们都固定安装在内燃机的外部承载结构上，工作中必然受到结构振动的激励，当激励频率与这些零件的固有频率一致时，产生局部共振。局部振动的主要危害是增大内燃机的噪声水平。

2. 内燃机台架试验的振动测量

内燃机扳动测量以振动速度的均方根值——振动烈度为量标，可用下式表示：

$$v_{ms} = \frac{1}{T} \sqrt{\int_0^T v^2(t) \, dt} \tag{6-4}$$

式中，v_{ms} 为振动烈度（mm/s）；$v(t)$ 为振动速度随时间变化的函数（mm/s）；T 为振动周期（s）。

当振动记录为频谱分析所得的振动速度值 $\overset{\wedge}{v_1}$、$\overset{\wedge}{v_2}$、$\cdots$、$\overset{\wedge}{v_n}$ 时，振动烈度为

$$v_{ms} = \sqrt{\frac{1}{n}(\overset{\wedge}{v_1^2} + \overset{\wedge}{v_1^2} + \cdots + \overset{\wedge}{v_n^2})} \tag{6-5}$$

内燃机进行振动试验时应安装在单独的基础上，并采用弹性或刚性支承。为控制环境振动的影响，应和周围振源隔离，但如果外部振源的干扰振动烈度为内燃机振动烈度的

1/3或更小，这是允许的。测量仪器频率范围一般为 10～1000 Hz。常用的振动传感器为压电式传感器，记录仪可用笔录式、光线式或磁带记录仪。根据所记录的波形图或经数据处理机分析后得出的谐波分量的幅值，可用式(6-5)计算出振动烈度值。

内燃机测振时测点布置至关重要。测点应选择在坚实的机体上，避免布置在刚性较差的部位，如罩壳、盖板、悬臂和薄壳结构等处，以避免因刚性差而引起局部振动所造成的误差。一般测点应取在缸盖、缸体、曲轴箱、底座等刚性较大的部位。测点至少应取 3～5点，不同型式的内燃机，如 V 型卧式或立式、单缸或多缸等，根据测试目的不同，对测点的数目和布局均有一定要求，这在内燃机国家标准中有具体规定。同一测点应在三个互相垂直的方向 x、y、z 上进行振动测量。测试工况可按测试要求拟定，或在内燃机标定功率和标定转速工况下进行测试。

内燃机整机振动状况往往采用当量振动烈度来评价，它是在选定的测点位置与方向上测量振动速度的均方根值（一般取三次以上读数的平均值），用下式求得

$$v_s = \sqrt{\left(\frac{\sum v_x}{N_x}\right)^2 + \left(\frac{\sum v_y}{N_y}\right)^2 + \left(\frac{\sum v_z}{N_z}\right)^2} \tag{6-6}$$

式中，v_s 为当量振动烈度（mm/s）；v_x、v_y、v_z 为 x、y、z 三个方向上各测点振动速度的均方根（mm/s）；N_x、N_y、N_z 为 x、y、z 三个方向上的测点数。

内燃机台架试验中，还可按不同要求进行其他振动试验，如振型测量、共振频率测量等。

3. 内燃机曲轴扭振测量

多缸内燃机曲轴扭振是振动的主要形式。扭振将引起曲轴较大的附加动应力，导致曲轴疲劳破坏，因而扭振的测量早已为人们所重视。扭振测量仪一般可分为机械式、电子式和光学式几类，目前机械式扭振仪已很少采用。

1）电子式扭振仪

在高速内燃机中，扭振频率高、振幅小，一般采用电子式扭振仪。这类扭振仪可远距离操作，便于记录和分析。图 6-12 为电感调频式扭振仪结构简图。

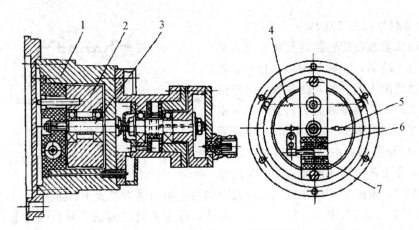

1—壳体；2—惯性块；3—小轴；4—弹簧；5—阻尼装置；6—线圈；7—磁性棒

图 6-12　电感调频式扭振仪结构

它的运动部分由轻质壳体 1、惯性块 2 以及连接它们的螺旋弹簧 4 等零件组成。惯性块经一对精密轴承安装在小轴 3 上，同时惯性质量上安装有磁性棒 7。壳体 1 和被测轴相连，当被测轴扭振时，因惯性质量仍保持匀速转动，故磁棒就在胶木架上的线圈 6 内振动，引起相应的电感变化，通过振荡电路将变化的电感信号变成频率的偏移，经高频放大和鉴频器把频率的偏移转换成电压变化，再经放大输出。对测出的扭振波形，采用频偏标定法来确定扭振振幅。这一类扭振仪还有电容式扭振仪、电阻应变式扭振仪等。

2）非接触式扭振仪

在非接触式扭振仪中，测振传感器不与被测轴系直接联系，而是通过光电、磁电转换测取扭振信号，所以该扭振仪给轴系的附加质量最小，对轴系扭振影响最小。图 6-13 为电磁式非接触扭振仪工作原理图。图中信号盘 2 圆周均布 60、120 或 240 个齿，安装在被测轴上，3 为电磁传感器。当曲轴转动时，传感器将转速信号转变为脉冲重复频率数，一定转速对应一定的脉冲重复频率数。

当存在扭振时，瞬时转速不均匀，脉冲重复频率也相应变化，这一变化转换成电压输出，经积分放大后可得扭振波形。设内燃机转速为 n，相应角速度为 ω，圆盘齿数为 N，这时电磁传感器的脉冲频率（即载波频率）为 $f = nN/60$。扭振时瞬时转速发生变化，瞬态角速度为 $\omega + \mathrm{d}\psi(t)/\mathrm{d}t$，这时载波频率也产生相应的瞬态波动增量，即 $f + \triangle f$。将此信号送入频率电压转换器（f/V），输出一个正比于角速度增量 $\mathrm{d}\psi(t)/\mathrm{d}t$ 的电压信号，经积分放大转换为扭振波形，供记录和分析。图中电容 C 作隔离直流分量之用。通常在记录振动波形时，同时测录内燃机上止点信号，曲轴每转一圈测得一个脉冲信号，依此为准可以求得扭振振幅值。

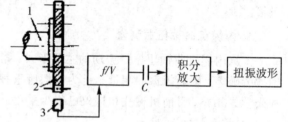

1—曲轴；2—信号盘；3—电磁传感器

图 6-13 电磁式非接触扭振仪工作原理

这类扭振仪还有激光扭振仪（如 Dan-tee 激光扭振仪），它由激光器、带光电信号倍增器的传感器探头和跟踪处理仪组成。

3）曲轴扭振测点的选择

内燃机曲轴扭振传感器的安装位置通常选在曲轴自由端 A，如图 6-14（a）所示。测取全部转速范围内的振幅，根据各振幅峰值可估算轴系的固有频率或临界转速，还可根据理论计算的相对振型（如用 Holzer 法计算的相对振型）和实测自由端的振幅对比求出曲轴振型，再计算曲轴各段的应力。在曲轴

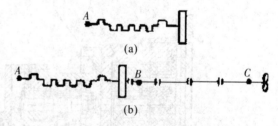

图 6-14 内燃机轴系扭振测点的布置

系比较复杂时，如在 V 型内燃机或有较长中间轴的船舶动力装置中，如图 6-14（b）所示，往往采用多点测量（图中 A、B、C 点）。为此，通常采用电测法，并以曲轴自由端为基准，同时测取各点的振幅，与理论计算相对振型对比，以确定曲轴振型，再求取各段的应力。

二、噪声测量试验

随着现代工业、交通运输和城市建设的迅速发展，噪声对环境的污染日益严重，已成为当今世界的三大公害之一。为此，国际标准化组织(ISO)以及许多国家都纷纷制定了有关标准，用于环境噪声的监测和各类噪声的控制。在众多的噪声源中，内燃机发出的噪声占主要地位，对城市环境影响最大的是交通噪声，即车辆噪声，而内燃机作为各类交通运输工具的主要动力，其噪声对环境的污染也就集中地反映在交通噪声方面，成为城市环境噪声的主要来源之一。

1. 噪声的基础知识

1) 声压级

声波在传播过程中，空气质点也随之振动，产生压力波动。一般把没有声波存在时介质的压力称为静压力。有声波存在时，空气压力就在大气压附近起伏变化，出现压强增量，即声压，用 p 表示。声压单位为 N/m^2 或记为 Pa(帕)。正常人耳刚能听到的微压声音为 2×10^{-5} Pa，称之为听阈声压。使人耳感觉疼痛的声压为 20 Pa，称为人耳的痛阈。从听阈到痛阈，数值相差 100 万倍。考虑到人耳对声音响度感觉与声音强度的对数成比例，用声压的绝对值表示声音强弱不科学，所以用声压比的对数表示声音的强弱，这就是声压级，用 L_p 表示：

$$L_p = 20\lg\left(\frac{p}{p_0}\right) \tag{6-7}$$

式中，p 为声压(Pa)；p_0 为基准声压，$p_0 = 2 \times 10^{-5}$ Pa。

2) 声强级和声功率级

声音具有一定的能量，所以也可以用它的能量大小来表示它的强弱，声强就是在单位时间内通过垂直于声波传播方向的单位面积的声能，用 I 表示，如式(6-8)所示。

$$I = \frac{W}{S} \tag{6-8}$$

式中，W 为声功率(W)；S 为面积(m^2)；I 为声强(W/m^2)。

对于平面声波 $I = pv$，v 为声波粒子振动速度。

同样，声强级 L_I 如式(6-9)所示。

$$L_I = 10\lg\left(\frac{I}{I_0}\right)(\mathrm{dB}) \tag{6-9}$$

其中，$I_0 = 10^{-12}$ W/m^2 为基准声强。

声功率级 L_W 如式(6-10)所示。

$$L_W = 10\lg\left(\frac{W}{W_0}\right)(\mathrm{dB}) \tag{6-10}$$

其中，$W_0 = 10^{-12}$ W 为基准声功率。

3) 噪声的频谱

人耳可听声的频率范围为 20 Hz～20 kHz。为测量方便，常把声波频率范围划分为若干频段，这就是通常所说的频带或频程，每个频程所包括的频率范围叫做频带宽度。噪声分析仪中的滤波器能够进行带通滤波，实现分频段测量。噪声测量中，最常用的是倍频程和 1/3 倍频程。频带的上、下限截止频率 f_2 和 f_1 的关系如式（6-11）所示。

$$f_2 = 2^n f_1 \qquad\qquad (6-11)$$

$n=1$ 时为倍频程，$n=1/3$ 时为 1/3 倍频程。每个频带的中心频率分别为

$$f_c = \sqrt{f_2 f_1} \qquad\qquad (6-12)$$

式中，$f_2 = 2^{\frac{n}{2}} f_c (\mathrm{Hz})$；$f_1 = 2^{-\frac{n}{2}} f_c (\mathrm{Hz})$。

4）计权声级

人耳对声音的感受不仅和声压有关，也和频率有关，声压级相同而频率不同的声音，高频声听起来比低频声响得多。所以噪声测量用的声级计权网络有 A、B、C 三种。A 计权网络是模拟人耳设计的，它使声级计对高频敏感，对低频不敏感。在噪声测量中常用 A 计权测定噪声级，记为 dB(A)，C 计权在整个听觉的频率范围内有近乎平直的特性，因此 C 计权可代表总声级，记为 dB(C)。三种计权网络的频率响应曲线如图 6-15 所示。

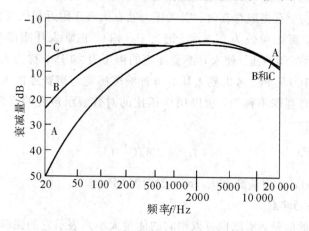

图 6-15　噪声的计权网络衰减曲线

2. 内燃机的噪声源

根据内燃机工作原理、工作状态及声学理论，可将内燃机的主要噪声源分为空气动力性噪声、机械噪声和燃烧噪声。

空气动力性噪声主要包括进气、排气和风扇噪声。这是由于进气、排气和风扇旋转时引起了空气的振动而产生的噪声。这部分噪声直接向内燃机周围的空气中辐射。在没有进、排气消声器时，排气噪声往往是内燃机的最大噪声源，进气噪声次之，风扇噪声特别在风冷内燃机上也往往是主要噪声源之一。

燃烧噪声和机械噪声往往很难严格区分。严格地讲机械噪声也是由于内燃机气缸内燃烧时激发的噪声。为研究方便，一般将由于气缸内燃烧所形成的压力振荡通过气缸盖、活塞、连杆、曲轴、气缸体向外辐射的噪声叫燃烧噪声。将活塞对配套的敲击，正时齿轮、配气机构、喷油系统、轴承等运动件之间机械撞击所产生的结构振动而激发的噪声叫做机械噪声。一般来说，直接喷射式柴油机的燃烧噪声高于机械噪声，非直喷式柴油机的机械噪声高于燃烧噪声，但在低速运转时燃烧噪声都高于机械噪声。汽油机燃烧属扩散燃烧，燃烧过程柔和，零件受力小，在相同转速下燃烧噪声和机械噪声均低于柴油机，但由于现代车用汽油机转速往往很高，这使得在高速时汽油机和柴油机噪声水平相当。

3. 整机噪声的测量

通常情况下，往复式内燃机的噪声是指内燃机装有规定附件时的整机噪声，但对多缸不包括排气噪声在内。在测定时需用管道把排气引到室外或远处，其噪声作为背景噪声处理。

1）测量场所

为了精确地研究噪声情况，最好在如下专门的声学实验室中进行。

（1）全消声室。如图6-16所示，房间有内外两重墙壁，内壁的六面均铺有用吸声材料造成的尖劈，内层房间整个支撑在许多弹簧上。这样，室内声音不仅全无反射，而且能良好隔绝来自外界的噪声及振动，它是理想的声学实验室。在室内所形成的自由声场，其噪声级衰减与距离成逆平方律的对数关系，即距离每增加一倍，声压级衰减6 dB。这也是检验是否存在自由声场的办法。

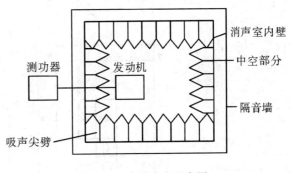

图6-16 全消声室示意图

（2）半消声室。除地面是全反射以外，其余五个面均由吸声材料构成，与全消声室相同。半消声室造价较低，使用也方便。

（3）全反射室（也称混响室）。房间所有壁面都是坚硬光滑的反射面，而且将室内做成不规则形状，目的是取得更好的声反射效果，使声场中各点的声能密度相同。

要建造上述的专门声学实验室需要相当大的费用，因此也可在具有平坦地面的室外开阔场地或符合规定条件的普通内燃机台架实验室内进行噪声测量。

2）测量地面和测点的布置

在确定测量表面和测量点位置时，一般将机器本体形状简化为矩形体作为基准体，以与此基准体距离为d的假想五面体的各面（不计底面）作为测量表面，测量表面积S按下列公式计算

$$s = 4(ab + bc + ca) \tag{6-13}$$

式中，$a = \dfrac{L_1}{2} + d$，$b = \dfrac{L_2}{2} + d$，$c = \dfrac{L_3}{2} + d$，L_1、L_2、L_3为基准的长、宽、高（m）；d为测量点与基准体间的距离（m）。

测量点与基准体的距离d一般选用1.0 m。测量点均匀布置在测量表面上。当背景噪声较高、房间混响较大时，可适当减小测距d，但不要小于0.5 m。测点数量和位置根据内燃机外形尺寸（或基准体的大小）和噪声辐射的空间均匀性而定，测点布置在机器四周和顶部，例如当基准体长度$L_1 < 2$ m时，按工程法要求布置9个测点，若按简易法要求可布置5个测点，如图6-17所示。

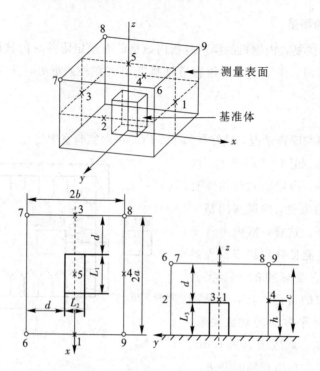

图 6-17　测量地面和测点的布置(工程法)

3) 测量环境的影响及修正

当不具备专门的声学实验室时，在工程上往往将机器安置在室外坚硬的地面上，只要在足够大的半径内无反射物，则可按半自由声场条件来计算其噪声功率级。若在普通内燃机台架实验室内进行噪声现场测量，这种房间条件既非全吸收，又非全反射，介于自由场和混响场之间，称为半混响场。由于存在房间混响的影响，因此须对测量结果进行环境修正。为求环境修正值 K_2，可采取如下两种方法。

(1) 标准声源替代法。

将被测内燃机从试验台架上移开，把标准声源安置在原内燃机位置的几何中心上，测量标准声源在现场环境及原测点下的声压线，并依此计算出标准声源声功率级 L_w。于是环境修正值 K_2 按下式计算

$$K_2 = L_w - L_{wr}(dB) \tag{6-14}$$

式中，L_w 为在现场测量到的标准声源功率级，单位为 dB(基准值为 1 pW)；L_{wr} 为标准声源标定的声功率级，单位为 dB(基准值为 1 pW)。

(2) 混响时间测试法。

该方法适用于墙面未经吸声处理的工业用房间。环境修正值 K_2 按下式计算

$$K_2 = 10\lg\left(1 + \frac{4}{A/S}\right)(dB) \tag{6-15}$$

式中，S 为测量表面的面积，单位为 m^2；A 为房间的吸声量，单位为 m^2。

$$A = 0.16\left(\frac{V}{T}\right)(m^2) \tag{6-16}$$

式中，V 为房间体积，单位为 m^3；T 为频带混响时间，单位为 s。

　　K_2值也可以从图 6-18 中查得。按工程法要求，A/S 比值要大于 6，环境修正值 $K_2 <$ 2.2 dB，超过此值则认为测试环境不符合要求。按简易法则要求可放宽一些，A/S 大于 1 即可，这时的环境修正值 $K_2 < 7$ dB，但简易法所测得的声功率级的标准偏差较大，只允许用作同类型内燃机噪声性能的比较。

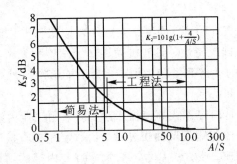

图 6-18　环境修正值与 A/S 的关系

　　（3）背景噪声的影响及修正。

　　所谓背景噪声是当被测声源停止发声时，环境噪声和其他干扰噪声的总和。背景噪声也称为本底噪声。由于背景噪声的影响，发动机运转时声级计所测得的是总噪声，发动机噪声应从总噪声减去背景噪声的修正值 K_1 后得到。内燃机台架试验需用的变速箱和测功设备所产生的噪声可作为附加噪声，允许作隔声处理。测量应尽可能在较低的背景噪声下进行，背景噪声 L_0 可以事先测定，再在同一位置测量被测噪声与背景噪声的合成噪声级 L_1，然后利用 L_1 与 L_0 求得被测噪声级 L。L 可用下式计算：

$$L = L_1 - 10\lg\left[1 + \frac{1}{10^{(L_1-L_0)/10} - 1}\right] = L_1 - \Delta L \qquad (6-17)$$

式中，ΔL 为背景噪声修正值（单位是 dB）。具体修正方法如下：

　　当合成噪声级 L_1 与背景噪声级 L_0 满足 $L_1 - L_0 \geqslant 10$ dB 时，可不计背景噪声影响；当 3 dB $\leqslant L_1 - L_0 < 10$ dB 时，可按式（6-17）进行修正，也可按表 6-1 进行修正；当 $L_1 - L_0 < 3$ dB 时，测量结果无效，应进一步采取降低背景噪声的措施才能保证测量结果的正确性。

表 6-1　背景噪声的修正

	$L_1 - L_0$	<3	3	4	5	6	7	8	9	10	>10
修正值（K_1）	工程法	测量无效				1.0	1.0	1.0	0.5	0.5	0
	简易法	测量无效	3	2	2	1.0	1.0	1.0	0.5	0.5	0

4. 进、排气噪声和其他噪声的测量

　　在不带消声器的情况下，进、排气噪声是内燃机最强的噪声源，一般作为单独项目进行测量。对于进气噪声，可将传声器放在距进气口中心轴向 1 m 处。至于排气噪声，其测点可选在与管口成 45°的方向上，距管口 0.5～1 m 处，但测点到排气管口的距离应大于 3 倍的管口直径。传声器的承压面要朝向管口，但不要直冲气流。在测量排气噪声时，发动机噪声和进气噪声等均作为背景噪声处理，应采取隔声或远离的措施。

第5节 喷雾与燃烧试验

一、喷雾特性试验

柴油机喷雾特性包括贯穿距离、喷雾锥角、分裂长度和雾化微滴尺寸分布等。喷雾过程影响柴油机的经济性与排放特性。柴油机喷雾属于三维瞬态密集型喷雾,喷雾过程受到多种因素影响,喷雾过程的动态测量较为困难。为了能够准确地描述喷雾过程,通常采用试验装置研究喷雾的过程和特点。

目前得到应用的方法是内窥镜式高速摄影法,即采用工业内窥硬镜和冷光源,将燃烧室内部的缸内喷雾光学图像传输到柴油机外部,由数字相机直接进行拍摄,再通过图像采集与处理系统进行图像处理。该方法基本不影响燃烧室内部的结构,对气流运动和燃烧过程无影响,可以动态直观地观察内燃机实际工作过程中的喷雾情况。图 6-19 为内窥镜式高速摄影系统安装示意图。图 6-20 为某型柴油机缸内喷雾的测试结果。

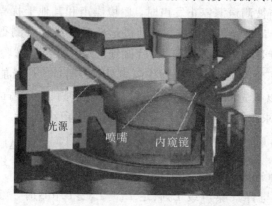

图 6-19 内窥镜式高速摄影系统安装示意图

 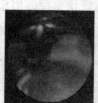 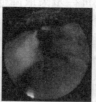 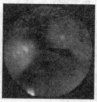 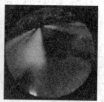

(a)视窗 (b)-25°曲轴转角 (c)-20°曲轴转角 (d)-15°曲轴转角 (e)-10°曲轴转角

图 6-20 某型柴油机缸内喷雾的测试结果

二、燃烧特性试验

内燃机燃烧研究的一个重要手段是利用各种先进技术对燃烧进行测试,它与内燃机燃烧计算机仿真研究相辅相成。燃烧测试的任务是采集反应燃烧系统工作过程的各种信息,主要有燃烧反应区的压力、温度、速度、组分浓度及其随空间与时间的分布、火焰的位置与传播速度、火焰结构与速度等。

1. 发动机台架试验

　　直接使用实际的发动机进行相关测试是最接近实际的方法，但往往测试受到许多限制，比如传感器布置位置、信号传输方式和光学通路的布置等都比较困难。一般在缸盖上布置缸压传感器、热线风速计探头或热电偶。在缸盖上打孔布置激光探头、内窥镜，用于获取缸内的图像或热辐射信号。活塞上的温度信号可以用间歇式接触导出，或用无线传输方式。图 6 - 21 为发动机测试台架示意图。

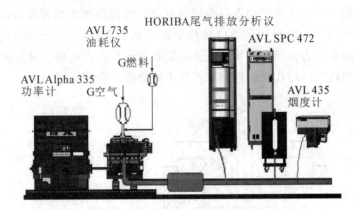

图 6 - 21　发动机测试台架示意图

2. 激波管试验

　　激波管能够产生激波，并利用该超声速的压力波模拟所需的实验工况，在很多物理和化学的基础研究中如燃烧、爆炸和非定常波运动等有着广泛的应用。它通常是一根两端封闭的金属长管，中间用膜片隔成高压段区和低压段区，分别充以满足模拟要求的高压驱动气体和低压被驱动实验气体。膜片破裂后，高压气体膨胀，产生向右端低压气体中快速运动的激波，并产生向左端传播的膨胀波稀疏波。激波压缩后气体和膨胀波后气体的交界面称为接触界面。激波的压缩作用会使实验气体的参量有相应的变化，从而得到符合模拟要求的工作条件。随着时间的推移，接触界面会到达实验区域，稀疏波也会在高压段的端面处反射后向低压段的实验区域运动。经激波压缩后的实验气体参量只能在短暂时间通常是毫秒级到微秒级内保持不变，相应的流动也只在短暂时间内保持定常。图 6 - 22 为激波管测试装置实物图。

图 6 - 22　激波管测试装置实物图

3. 定容燃烧弹

定容燃烧弹主要模拟在上止点附近时燃烧室中的燃烧过程,其特点是比实际发动机简单,能够方便地改变燃烧室形状和热力参数(包括空燃比、残余废气系数、压力和温度)、流动参数以及点火参数(火花塞位置、电极间隙与点火能量),研究这些参数中单一参数的变化对燃烧过程的影响,因而成为内燃机燃烧基础研究所经常采用的方法。由于耐压、耐温要求高,燃烧弹透明窗口需用石英玻璃或宝石制作,设计、制作相当严格,其安全性也需要特别注意。图 6-23 是用于均质混合气的着火研究的典型定容弹结构简图。图中定容弹弹体为耐热钢所制,外围有加热器以预热定容弹及混合气。此外还有石英玻璃窗,进、出气阀,温度和瞬态压力传感器,可以调整间隙的电火花点火电极。辅助系统则有气瓶和真空泵等。燃烧弹内可以用孔板的移动来产生不同强度的湍流。

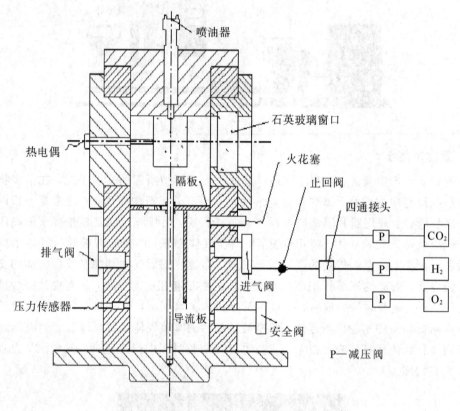

图 6-23 定容燃烧弹装置简图

4. 光学发动机

光学发动机一般经发动机改装而成或是为了实验研究而专门制造。它具有多个方向的透明观察窗,可倒拖或者着火运转。其结构如图 6-24 所示。

经特殊设计的发动机加装了加长活塞,活塞顶有石英或宝石观察窗(顶窗和侧窗),加长活塞的空腔内安装有反射镜(反射镜固定在机体上不动而不是固定在活塞上),以观测垂直于气缸轴线平面的缸内流动、燃烧情况。激光透过石英缸套,数字摄像机 CCD 拍摄被测对象反射的信号,从而获得缸内的流动、燃烧过程信息。

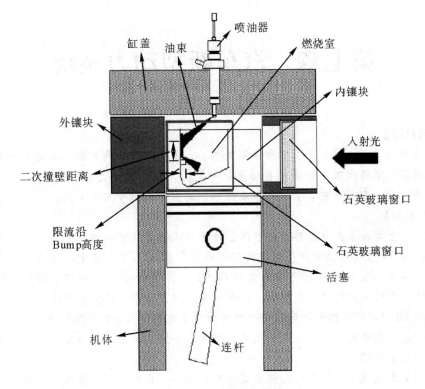

图 6-24　光学发动机结构

复习思考题

1. 简述内燃机负荷特性和速度特性的运行特点和评价参数。
2. 描述万有特性的绘制方法。
3. 简述内燃机可靠性试验方法的分类和特点。
4. 简述内燃机振动和噪声的测试方法，如何进行数据处理和分析？
5. 简述评价喷雾特性的参数。
6. 简述用于研究内燃机燃烧的试验手段和特点。

第七章　汽车新型动力系统

【学习目标】

通过本章的学习，学生应了解和掌握纯电动、混合动力等汽车新型动力系统的基本原理和应用情况，掌握永磁同步电机和交流异步电机的工作原理及特点，掌握目前主流动力电池的应用现状和发展趋势，了解新型动力系统的控制原理和充电系统。

【导入案例】

近日，关于燃油车在中国禁止销售的话题十分火爆，点燃一切的是来自工信部的一句表态"我国已启动传统燃油车停产停售时间表研究"。其实，工信部此次表态只是指出了一个趋势——中国将在未来禁止燃油车生产销售，具体的时间并不确定。但在后期的传播中，禁售燃油车的说法已经完全走样了。不少媒体的报道中，禁止生产销售燃油车的时间点被划定为2030年，一些企业甚至也已经开始相信这种说法，相关部门并没有对此做出更多的解释。这种模糊的状况令人十分担忧，也逐步给企业带来了困扰，对其研发路线的发展形成了强烈的影响。

在不成熟的状况下，将产品全部电动化的时间一再提前，也使得眼下已经有点膨胀而过热的产业投资再度兴奋起来。特别是一些新能源汽车企业，表达了非常激进的观点。一位前电池企业高管甚至毫不避讳地表示，中国禁止燃油车销售不是在跟随欧洲，从国情来看，中国更需要加快禁止燃油车销售。但如果跳出行业利益这个出发点，不管从哪方面来看，禁止生产、销售燃油车的条件都不成熟，燃油汽车并没有到可以退出历史的地步。在禁售燃油车争论比较激烈的德国，一直对禁售燃油车比较坚决的德国总理默克尔在法兰克福车展上也承认了在短时间内禁售燃油车并不现实："非常肯定的是，我们在二十多年时间内仍然需要燃油汽车。"目前，已经有包括荷兰、德国、法国和英国等在内的多个国家公布了禁售燃油车时间表，美国加州最早在2015年宣布可能将在2030年禁止传统燃油车上市销售，荷兰在2016年宣布从2025年开始禁止在荷兰本国销售传统的汽油和柴油汽车。另外，挪威、德国、印度也都宣布了自己的禁止销售燃油车计划时间表，时间大致在2025～2040年之间。其中，挪威、德国、印度、法国暂且为"计划"状态，只有英国以法令宣布了最终时间点。

中国汽车的普及远不及欧美等发达国家，我们当然可以抄近道，直接跳入"电动时代"，但在结束燃油车时代的同时，首先应该想清楚怎么结束，而不是何时结束，这是一个渐进式的过程。从产业来看，欧美的激进已经影响了中国企业的发展思路，比如奇瑞宣布要在2020年实现全部产品的电动化，这个决定的背后蕴藏着巨大的风险。即便是全球最具备实力的汽车企业，目前也采取多元化的发展路线，而并不是对电动车这一条路线孤注一掷。传统的燃油车制造在经过了近百年的发展之后，依然污染频发，而我们期待的电动车行业呢？电动车行业尽管本身做到了减排，但其能量来源、制造过程后期回收中，污染甚至比燃油车时代还严重。如果不能保证电力来源是清洁的，那电动车的意义不大。

你认为，替代燃油汽车是否是一个世纪骗局？

第1节　驱动电机

永磁同步电机具有高效、高控制精度、高转矩密度、良好的转矩平稳性及低振动噪声的特点,通过合理设计永磁磁路结构能获得较高的弱磁性能。在电动汽车驱动方面具有很高的应用价值,受到国内外电动汽车界的高度重视,是最具竞争力的电动汽车驱动电机系统之一。

一、永磁同步电机

1. 基本原理与结构

永磁同步电机是纯电动汽车的动力来源,可以工作于电动和发电两种状态。电动状态时,电机将储存在动力电池内的电化学能通过磁电作用转化为轴动能输出驱动车辆;当车辆处于滑行或制动时,则可以工作于发电状态,将车辆的动能转化为电能存入电池系统。车用永磁同步电机系统的结构如图7-1所示。

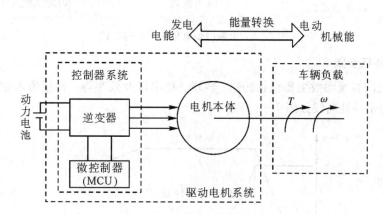

图7-1　典型车用永磁同步电机系统结构原理

电机本体、逆变器以及微控制器(MCU)是永磁同步电机系统的三个主要组成部分,其中,电机本体结构如图7-2所示,主要由外定子和内转子两大部分组成。

图7-2　永磁同步电机本体结构及示意图

定子由铁芯及电枢绕组构成,定子绕组沿定子铁芯对称分布,在空间互差120°电角度，通入三相电后能够产生旋转磁场。转子为永磁体，主要以钕铁硼为永磁材料。转子按永磁体的结构主要分为两种，一种是表面贴装式（SM－PMSM），如图 7－3（a）所示，其结构简单、成本低，直、交轴电感 L_d 和 L_q 相同，气隙较大，更易使电机气隙磁密波形趋于正弦波从而提高电机的性能；但弱磁能力较小，高速化受到限制。另一种是内埋式（IPMSM），如图 7－3（b）和（c）所示，其主要特点是交轴电感 L_q 大于直轴电感 L_d，气隙较小，有较好的弱磁能力，且转子可以允许更大的离心力，进而能承受更高的转速需求，满足纯电动汽车尤其是轿车用电机高速化的发展趋势，因而在高速电机系列中有着广泛应用。

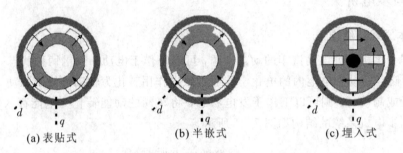

(a) 表贴式　　　　　(b) 半嵌式　　　　　(c) 埋入式

图 7－3　永磁同步电机转子结构形式

2. 关键特征参数

驱动电机的特征参数主要包括转速、转矩、功率以及效率等。典型的永磁同步电机转速、转矩及功率特性曲线如图 7－4 所示。

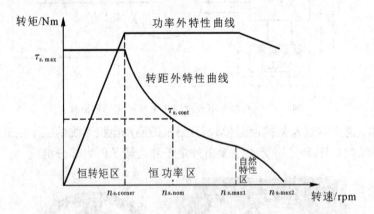

图 7－4　永磁同步电机关键特征参数示意图

可以看出，在基速点以下可输出最大峰值转矩，在基速点以上则进入恒功率区，转速大于峰值转速时则进入自然特性区，输出功率降低。额定工作点则代表了高效区间。电机的关键特征参数基本决定了电机系统的特性规律，同时也确定性地影响着纯电动汽车的整车性能。

（1）峰值转矩决定了低速时整车所能达到的最大转矩输出能力，这主要影响到整车的爬坡性能和低速起步加速性能。同时，峰值转矩对于电机来说还决定了电机的尺寸和重量，峰值转矩越大，电机的体积和重量也就相应会越大。因此在提高峰值转矩获得更佳的动力性的同时，会增加电机系统的质量，从而导致经济性在一定程度上的下降。

（2）最高转速基本决定了整车最高车速，两者之间存在传动系统的传动比及车轮半径的换算系数，根据最大转速范围可以将电机划分为：3000～6000 r/min 之间的低速电机，6000～10 000 r/min 之间的中速电机，10 000～15 000 r/min 之间的高速电机。电机的最高转速越高，减速器速比则可相应增大，在爬坡需求一定时则可降低电机的峰值转矩，因而电机的体积和重量得以降低；但是电机转速过高，由于机械摩擦等的存在也会显著降低电机及传动系统的机械效率，并且大大提高对生产制造工艺的要求。目前纯电动轿车用驱动电机正逐步向高速化、小型化的方向发展，如日产 LEAF 电机最高转速为 10 225 r/min，三菱 i-Mi EV 电机最高转速为 8500 r/min。

（3）当最大转矩一定时，基速越大，其在拐点即转折转速附近的动力性则越好，但是相应的电机最大功率则越大，由此将带来对动力电池需求功率的增加，而电机的最大功率也影响到整车的加速性能。电机的最高转速与基速之比称为基速比，该值也是电机系统的一个重要的特征参数。

（4）电机设计时往往按照额定工作点要求确定高效区的位置，通常电机的额定工作点也就基本代表了驱动电机系统的高效区，而额定工作点的确定则往往由整车的常用车速决定。

二、交流异步电机

1. 基本结构

三相交流异步电机已经成为新能源电动汽车领域的主流驱动电机。异步电机的控制与驱动技术直接影响着电机运转性能，也影响着驾驶员的驾驶感受，所以异步电机的控制及驱动技术的好坏直接影响着电动汽车的性能。异步电机主要由静止的定子和旋转的转子两大部分组成，定子和转子之间存在气隙，此外，还有端盖、轴承、机座和风扇等部件。图7-5为三相异步电机的基本结构。

图 7-5　三相异步电机的基本结构

1）定子

定子由定子铁芯、定子绕组和机座构成。

定子铁芯是电机磁路的一部分，并在其上放置定子绕组。定子铁芯一般由 0.35～0.5 mm 厚、表面具有绝缘层的硅钢片冲制、叠压而成，在铁芯的内圆冲有均匀分布的槽，用以嵌放定子绕组。定子铁芯的槽型有半闭口型槽、半开口型槽和开口型槽三种。

定子绕组是电机的电路部分，通入三相交流电，产生旋转磁场。定子绕组由三个在空间互隔120°电角度、对称排列的结构完全相同的绕组连接而成，这些绕组的各个线圈按一定规律分别嵌放在定子各槽内。

机座主要用于固定定子铁芯与前后端盖，以支撑转子，并起防护、散热等作用。机座通常为铸铁件，大型异步电机机座一般用钢板焊成，微型电机的机座采用铸铝件。封闭式电机的机座外面有散热筋以增加散热面积，防护式电机的机座两端端盖开有通风孔，使电机内外的空气可直接对流，以利于散热。为了实现轻量化，很多机座开始采用铸铝件。

2）转子

转子由转子铁芯、转子绕组和转轴组成。

转子铁芯也是电机磁路的一部分，并在铁芯槽内放置转子绕组。转子铁芯所用材料与定子一样，由 0.5 mm 厚的硅钢片冲制、叠压而成，硅钢片外圆冲有均匀分布的孔，用来安置转子绕组。通常用定子铁芯冲落后的硅钢片内圆来冲制转子铁芯。一般小型异步电机的转子铁芯直接压装在转轴上，大、中型异步电机（转子直径在 300～400 mm 以上）的转子铁芯则借助于转子支架压在转轴上。

转子绕组是转子的电路部分，它的作用是切割定子旋转磁场产生感应电动势及电流，并形成电磁转矩而使电机旋转。转子绕组分为笼式转子和绕线式转子。转轴用于固定和支撑转子铁芯，并输出机械功率，转轴一般采用中碳钢材料。异步电机定子与转子之间有一个小的间隙，称为电机气隙。气隙的大小对异步电机的运行性能有很大影响。中小型异步电机的气隙一般为 0.2～2 mm；功率越大，转速越高，气隙长度越大。

2. 工作原理

图 7-6 为交流异步电机的工作原理图。

当异步电机的三相定子绕组通入三相交流电后，将产生一个旋转磁场，该旋转磁场切割转子绕组，在转子绕组中产生感应电动势，电动势的方向由右手定则来确定。由于转子绕组是闭合通路，转子中便有电流产生，电流方向与电动势方向相同，载流的转子导体在定子旋转磁场作用下将产生电磁力，电磁力的方向可用左手定则确定。由电磁力进而产生电磁转矩，驱动电机旋转，并且电机旋转方向与旋转磁场方向相同。异步电机的转子转速不等于定子旋转磁场的同步转速，这是异步电机的主要特点。如果电机转子轴上带有机械负载，则负载被电磁转矩拖动而旋转。当负载发生变化时，转子转速也随之发生变化。使转子导

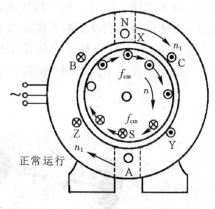

图 7-6　交流异步电机的工作原理

体中的电动势、电流和电磁转矩发生相应变化，以适应负载需要。因此，异步电机的转速是随负载变化而变化的。

异步电机的转子转速与定子旋转磁场的同步转速之间存在转速差，它的大小决定着转子电动势及其频率的大小，直接影响异步电机的工作状态。通常将转速差与同步转速的比值用转差率表示，即

$$S_n = \frac{n_1 - n}{n_1}$$

式中，S_n 为电机转差率；n_1 为定子旋转磁场的同步转速，单位为 r/min；n 为转子转速，单

位为 r/min。

转差率是异步电机运行时的一个重要物理量。异步电机运行时，取值范围为 $0 < S_n < 1$；在额定负载条件下运行时，一般额定转差率为 $0.01 \sim 0.06$。

三、轮毂电机

轮毂电机技术又称为车轮内装式电机技术，是一种将电机、传动系统和制动系统融为一体的轮毂装置技术，是现阶段先进电动汽车技术研究的热点之一。从各种驱动技术的特点和发展趋势来看，轮毂电机将是电动汽车的最终驱动形式。

1. 基本结构形式

轮毂电机驱动系统根据电机转子形式主要分成两种结构，即内转子式和外转子式。其中，外转子式采用低速外转子电机，电机最高转速为 1000～1500 r/min，无减速机构，车轮转速与电机相同。内转子式则采用高速内转子电机，配备固定传动比的减速器，为获得较高的功率密度，电机的转速可高达 10 000 r/min，减速结构通常采用传动比在 10：1 左右的

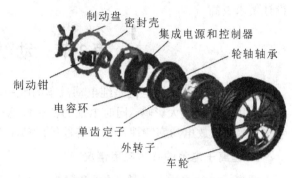

图 7-7　轮毂电机驱动系统的分解示意图

行星齿轮减速机构，车轮转速在 1000 r/min 左右。随着更为紧凑的行星齿轮减速器的出现，内转子式轮毂电机在功率密度方面比低速外转子式更具竞争力。图 7-7 为轮毂电机驱动系统的分解示意图。

高速内转子的轮毂电机具有较高的比功率，重量轻，体积小，效率高，噪声小，成本低。缺点是必须采用减速机构，使效率降低，非簧载重量增大，电机的最高转速受线圈损耗、摩擦损耗以及变速机构的承受能力等因素的限制。

低速外转子电机结构简单、轴向尺寸小、比功率高，能在很宽的速度范围内控制转矩，且响应速度快，外转子直接和车轮相连，没有减速机构，因此效率高。缺点是如要获得较大的转矩，必须增大电机体积和重量，因而成本高，加速时效率低，噪声大。

2. 驱动方式

轮毂电机的驱动方式可以分为直接驱动和减速驱动两种基本形式。

直接驱动如图 7-8 所示，采用低速外转子电机，轮毂电机与车轮组成一个完整部件总成，电机布置在车轮内部，直接驱动车轮带动汽车行驶。这种驱动方式直接将外转子安装在车轮的轮辋上驱动车轮转动。由于电动汽车在起步时需要较大的转矩，所以安装在直接驱动型电动轮中的电机必须能在低速时提供大转矩，负载电流超过一定值后效率急剧下降，电机还必须

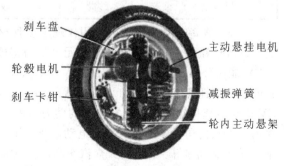

图 7-8　轮毂电机直接驱动方式

具有很宽的转矩和转速调节范围。由于电机工作产生一定的冲击和振动，要求车轮轮辋和车轮支撑必须坚固、可靠，同时由于非簧载重量大，要保证电动汽车的舒适性，要求对悬架系统进行优化设计。此方式适用于平路或负载小的场合。

减速驱动采用高速内转子电机，减速机构布置在电机和车轮之间，起减速和增矩的作用，保证电动汽车在低速时能够获得足够大的转矩。电机输出轴通过减速机构与车轮驱动轴连接，使电机轴承不直接承受车轮与路面的载荷作用，改善了轴承的工作条件，采用固定速比行星齿轮减速器，使系统具有较大的调速范围和输出转矩，消除了车轮尺寸对电机输出转矩和功率的影响。但轮毂电机内齿轮的工作噪声比较大，并且润滑方面存在很多问题；其非簧载重量也比直接驱动式电动轮电驱动系统的大，对电机及系统内部的结构方案设计要求更高。

第2节　动力电池

可充电的二次动力电池是纯电动汽车的唯一能量来源，电池的性能受到整车运行环境以及使用程度的极大影响，同时电池的实际性能表现又会反过来影响到纯电动整车的性能水平，尤其是放电功率特性及效率特性等对整车动力性和经济性都会产生较大的影响。

1. 锂离子电池的基本应用情况

锂离子电池本质上也是一种"摇椅式电池"，其体系较为复杂，主要由正极、负极、隔膜、电解液以及电池外壳等构成。锂离子电池正极材料主要包括磷酸铁锂、锰酸锂、钴酸锂以及三元材料（镍钴锰）等几类，各种类型锂离子电池的性能比较如表7-1所示。

表 7 - 1　各种类型锂离子电池的性能比较

电池类型 项目	钴酸锂	锰酸锂	三元材料	磷酸铁锂
电压(V)	3.6～3.7	3.6～3.7	3.6～3.7	3.2～3.3
能量密度(Wh/kg)	＞150	＞100	＞140	＞70
循环寿命(100%DOD)	＞600	＞600	＞600	＞1500
安全性	低	较高	较高	高
热稳定性	一般	较稳定	较稳定	稳定
过渡金属资源	较贫乏	较丰富	较丰富	丰富
原料成本	昂贵	较低	较低	低

目前，锂离子动力电池的应用体现了多种材料体系共同发展的一种局面，日、韩两国侧重以改性锰酸锂和镍钴锰酸锂三元材料为正极材料，如丰田和松下合资成立的Panasonic EV能源公司、日立、索尼、NEC、三星以及LG等。美国主要开发以磷酸铁锂为正极材料的动力型锂离子电池，如A123、Valence公司等，美国的主要汽车厂家在其PHEV与EV中也有选择锰基正极材料体系的动力型锂离子电池。德国等欧洲国家则主要采取和其他国家电池公司合作的方式发展电动汽车，如戴姆勒奔驰和法国Saft联盟、德国大众与日本三洋协议合作等。德国的大众汽车和法国的雷诺汽车在本国政府的支持下也正在研发和生产动力型锂离子电池。

　　在原材料资源及成本方面，磷酸铁锂电池具有较大的优势，同时，磷酸铁锂电池具有较好的热稳定性及安全性，因而成为我国电池产业化的一个重要选择和方向，包括北大先行、天津力神、比克国际、万向、比亚迪等均具备了较强的生产和研发能力。

2. 磷酸铁锂电池

　　磷酸铁锂电池的全名是磷酸铁锂锂离子电池，是指用磷酸铁锂作为正极材料的锂离子电池。正极材料主要有钴酸锂、锰酸锂、镍酸锂、三元材料、磷酸铁锂等。其中钴酸锂是目前绝大多数锂离子电池使用的正极材料。

　　图7-9为磷酸铁锂电池的结构示意图。$LiFePO_4$作为电池的正极，由铝箔与电池正极连接；中间是聚合物的隔膜，它把正极与负极隔开，锂离子Li^+可以通过而电子e^-不能通过；右边是由碳（石墨）组成的电池负极，由铜箔与电池的负极连接。电池的上下端之间是电池的电解质，电池由金属外壳密闭封装。$LiFePO_4$电池在充电时，正极中的锂离子Li^+通过聚合物隔膜向负极迁移；在放电过程中，负极中的锂离子Li^+通过隔膜向正极迁移。锂离子电池就是因锂离子在充放电时来回迁移而命名的。

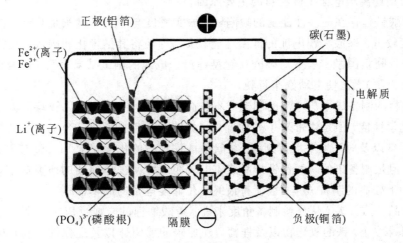

图7-9　磷酸铁锂电池的结构示意图

　　1）磷酸铁锂电池的优点

　　（1）安全性能较好。磷酸铁锂晶体中的P-O键稳固，难以分解，即便在高温或过充时也不会像钴酸锂一样结构崩塌发热或是形成强氧化性物质，因此拥有良好的安全性。有报告指出，实际操作中针刺或短路实验中发现有小部分样品出现燃烧现象，但未出现一例爆炸事件，而过充实验中使用大大超出自身放电电压数倍的高电压充电，发现依然有爆炸现象。

　　（2）使用寿命改善。长寿命铅酸电池的循环寿命在300次左右，最高也就500次，而磷酸铁锂动力电池循环寿命达到2000次以上，标准充电（5小时）使用，可达到2000次。同质量的铅酸电池是"新半年、旧半年、维护维护又半年"，最多也就1～1.5年时间，而磷酸铁锂电池在同样条件下使用，理论寿命将达到7～8年。综合考虑，性能价格比理论上为铅酸电池的4倍以上。

　　（3）高温性能好。磷酸铁锂电池热峰值可达350 ℃～500 ℃，而锰酸锂和钴酸锂仅为200 ℃左右。

（4）容量大、重量轻。电池经常在充满不放完的条件下工作，容量会迅速低于额定容量值，这种现象叫做记忆效应。镍氢、镍镉电池存在记忆性，而磷酸铁锂电池无此现象，电池无论处于什么状态，可随充随用，无须先放完再充电。同等规格容量的磷酸铁锂电池的体积是铅酸电池体积的 2/3，重量是铅酸电池的 1/3。

（5）环保。磷酸铁锂电池一般被认为不含任何重金属与稀有金属（镍氢电池需稀有金属），无毒（SGS 认证通过），无污染，符合欧洲 RoHS 规定，为绝对的绿色环保电池。

2）磷酸铁锂电池的缺点

磷酸铁锂电池也有其缺点：例如低温性能差，正极材料的振实密度小，等容量的磷酸铁锂电池的体积要大于钴酸锂等锂离子电池，因此在微型电池方面不具有优势。用于动力电池时，磷酸铁锂电池仍面临以下挑战：

（1）在磷酸铁锂制备烧结过程中，氧化铁在高温还原性气氛下存在被还原成单质铁的可能性。单质铁会引起电池的微短路，是电池中最忌讳的物质。这也是日本一直不将该材料作为动力型锂离子电池正极材料的主要原因。

（2）磷酸铁锂存在一些性能上的缺陷，如振实密度与压实密度很低，导致锂离子电池的能量密度较低。磷酸铁锂电池的低温性能较差，即使将其纳米化和碳包覆也没有解决这一问题。美国阿贡国家实验室对磷酸铁锂型锂离子电池的测试结果表明，磷酸铁锂电池在低温下（0℃以下）无法使电动汽车行驶。

（3）材料的制备成本与电池的制造成本较高。磷酸铁锂的纳米化和碳包覆尽管提高了材料的电化学性能，但是也带来了其他问题，如能量密度的降低、合成成本的提高、电极加工性能不良以及对环境要求苛刻等。尽管磷酸铁锂中的化学元素 Li、Fe 与 P 很丰富，成本也较低，但是制备出的磷酸铁锂产品成本并不低，即使去掉前期的研发成本，该材料的工艺成本加上较高的制备成本，会使得最终单位储能电量的成本较高。

（4）产品一致性差。从材料制备角度来说，磷酸铁锂的合成反应是一个复杂的多相反应，有固相磷酸盐、铁的氧化物以及锂盐，外加碳的前驱体以及还原性气相，在这一复杂的反应过程中，很难保证反应的一致性。

3. 动力电池组热管理技术

动力电池组热管理可以根据使用传热介质不同进行分类，具体可以分为：液体热管理、空气热管理、相变材料热管理。下面是使用不同传热介质的热管理系统具体发展现状。

1）液体热管理

以液体作为介质的热管理系统结构示意图如图 7-10 所示。以液体作为传热介质的锂动力电池组热管理系统是在锂动力电池单体间嵌入水套，利用外部的加热器对介质加热，再利用泵将传热介质从锂动力电池表面流过带走锂动力电池表面的热量或者加热锂动力电池单体，在结构上会比空气作为介质的复杂，但效果一般会更好。美国的 GM Volt 采用液体作为传热介质，将 50% 水和 50% 乙二醇的混合物在散热片内封闭循环对锂动力电池组进行冷却，同时当温度过低时，加热线圈可加热上面的传热介质对锂动力电池组加热。

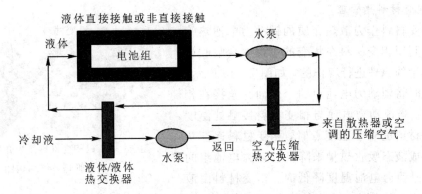

图 7-10　以液体作为介质的热管理系统结构示意图

2）空气热管理

以空气作为介质的热管理系统结构示意图如图 7-11 所示。以空气为介质的锂动力电池组热管理系统是根据锂动力电池组的布置形式设计空气流场，利用风机将外部的空气带入锂动力电池包内进行循环，或者将车厢内的空气带入锂动力电池包对锂动力电池组进行散热或者加热。实际应用方面，三菱公司纯电动汽车采用的就是强制风冷却的热管理方式，散热装置是铝制的导热槽，利用导热槽与锂动力电池组整体的通风导流槽连接来进行散热。丰田普锐斯也是利用空气作为传热介质的，利用风扇工作，分为四种工作模式，由温度控制主板决定其工作模式。

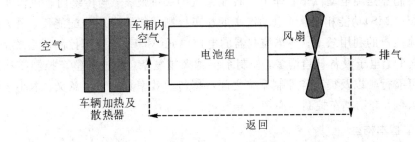

图 7-11　以空气作为介质的热管理系统结构示意图

以空气作为传热介质的热管理系统根据锂动力电池间的空气通道的不同可以分为并行散热和串行散热两种，如图 7-12 所示。并行散热设计中可以通过改变锂动力电池组不同位置处通风道的通风量和压力角度使流过锂动力电池表面的空气流量均匀，实现锂动力电池组温度分布均匀性。而串行通风设计中冷却空气从一端进入锂动力电池箱内，从一端到另一端由于空气流量不变，空气的温度会逐渐升高，造成锂动力电池组的温度分布不均匀，出风端的锂动力电池的温度会比较高，因此在保证锂动力电池组温度均匀性方面，并行散热相对于串行通风更好，但是并行散热结构相对比较复杂。

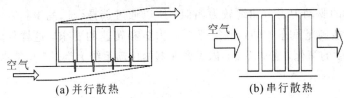

(a) 并行散热　　　　　　　(b) 串行散热

图 7-12　并行散热和串行散热示意图

3）相变材料热管理

以相变材料作为散热介质的锂动力电池热管理系统是利用相变材料在相变的过程中会吸收或者释放热量的原理进行工作的，如图 7 - 13 所示。系统设计时将锂动力电池组四个侧面完全浸在相变材料中。当锂动力电池与相变材料接触处温度达到相变材料的相变温度点时，相变材料逐渐从固态转化成液态吸收热量来降低锂动力电池组的温度；当锂动力电池温度降低时，相变材料由液

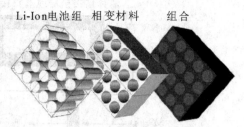

Li-Ion电池组　相变材料　　组合

图 7 - 13　以相变材料作为介质的
热管理系统结构图

态转化成固态释放相变产生的热量对锂动力电池进行加热。目前常用的相变材料是石蜡复合材料，即在石蜡中添加些热导率比较高的材料。石蜡具有比较高的相变潜热，材料相变发生在锂动力电池最佳工作温度附近，且成本比较低，但是石蜡的导热系数相对较低，需要加入导热系数大的材料制成复合材料使用。国外对于相变材料作为传热介质的锂动力电池热管理系统的研究主要是在相变材料的选择上，有石墨复合相变材料、石蜡添加石墨的材料、石蜡添加泡沫等。

第 3 节　控 制 系 统

整车控制器是纯电动汽车整车电子控制系统的关键设备。与传统内燃机汽车中的发动机管理系统（EMS）功能相似，纯电动汽车的整车控制器能够合理分配能量，最大限度地提高车载电池能量的利用效率。整车控制器的电控单元（VCU）是整车控制器系统的核心。当今，电动汽车上电子设备日趋增多，控制系统越来越复杂，先进的整车控制结构对于确保车辆安全可靠行驶以及提高各控制系统之间数据传递效率具有重要意义。本小节以某型纯电动客车为例，介绍整车控制的原理及开发过程。

1. 整车基本构型

纯电动客车的结构按传动系统主要可分为两类：有变速器结构和无变速器结构。传统汽车以内燃机作为动力源，其转矩和转速只能在较小范围内变化，而汽车实际的行驶工况非常复杂，就要求汽车的驱动力和车速必须有相当大的变化范围，所以需要变速器来改变动力系统的传动比，使驱动轮转矩和转速能在较大的范围内变化，以适应汽车复杂的行驶工况，如起步、上坡、加速等，同时合适的变速器还能保证内燃机工作在有利的条件下，以得到更好的燃油经济性。而电机的工作特性与内燃机不同，其转速和力矩变化范围较大，而且在低速时可以提供较大的恒定转矩，可以满足汽车在起步或爬坡工况下的要求；高速时可以恒功率输出转矩。如果传动系统中含有变速器，电机的选择范围较大。由于电机的特性曲线和理想的驱动力需求曲线较为相似，所以通过选择合适的电机，可以在不需要变速器的情况下也能满足汽车不同行驶工况下对力矩和转速的要求，这样传动系统的结构就可以得到很大程度的简化，成本降低。以无变速器的传动系统为例，整车基本结构如图 7 - 14 所示。

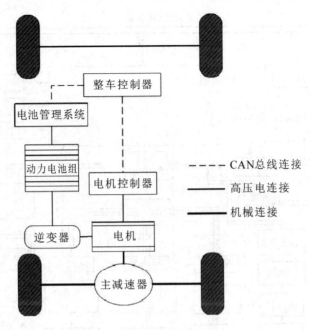

图 7-14　整车基本结构

动力电池组为驱动电机及其他部件提供能量。电池管理系统除了担负电池组的监测、安全保护外，还负责与其他控制器及车辆仪表之间的通信。电机控制器负责电机状态的监测，控制电机按照需求将电能转化为驱动的机械能。整车控制器是核心单元，一方面要根据油门踏板、制动踏板、开关信号以及其他控制器反馈的信息切换车辆工作模式，保证车辆按驾驶员的意图行驶；另一方面还要负责故障信息的处理、与仪表的通信、与诊断设备的通信以及控制某些辅助系统的运行状态，如空调、除霜机等。

2. 整车控制系统电气结构

整车电气系统主要由高压配电系统、整车控制系统、电机驱动系统、储能系统、辅助系统、仪表等部分组成，如图 7-15 所示。该系统中，整车控制器、电机控制器、电池控制器、客车 CAN 仪表都通过 CAN 线连接在动力 CAN 总线上，一方面 CAN 仪表得到车辆运行的信息并完成显示，另一方面整车控制器通过接收电池控制器、电机控制器的信息，得到动力电池组和驱动电机的运行状态，结合油门踏板、制动踏板、挡位开关等信息，决定整车的运行模式。

整车控制器可以控制各辅助系统中断路器的开闭，控制相应系统的运行状态，如当动力电池组的 SOC（荷电状态）过低时，可以断开某些断路器，停止对应系统的运行以节省动力电池组的能量，使车辆的续航里程得到增加。整车控制器还可以通过自身的另一个 CAN 接口连接到车辆的 CAN2 总线上，以便与诊断设备相连接，完成对车辆的监控和诊断。整车控制系统第三路 CAN 总线是用于电池控制器与充电插座之间通信的，与整车控制器的联系不大。DC/AC 单元主要是将动力电池组提供的直流电压转换为某些辅助系统（如电动空调系统、制动系统、转向系统）中特定单元需要的交流电。DC/DC 单元主要是将动力电池组提供的非常高的直流电压转换为车载蓄电池需要的相对较低的直流电压。当钥匙开关处于 ON 挡时，高压配电箱中主控制继电器闭合，动力电池通过高压配电后给驱动电机和其他辅助系统供电。

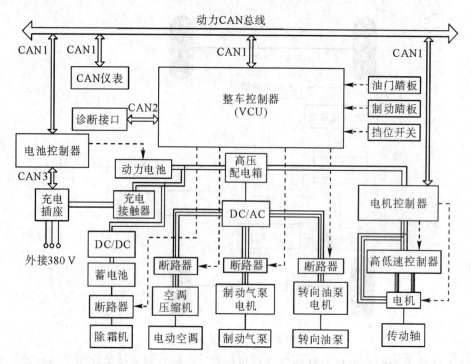

图 7 - 15   整车电气系统结构

3. 整车控制策略架构

整车控制策略的目标是根据钥匙开关、挡位开关、驾驶员踏板输入等信息解析驾驶员意图，然后根据车辆的运行状态及故障情况决策出对应的力矩需求，发送给电机控制器，使驱动电机产生对应的力矩驱动车辆行驶。整车控制策略框图如图 7 - 16 所示。

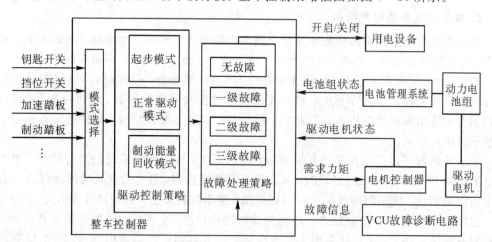

图 7 - 16   整车控制策略框图

整车控制系统通过采集车辆仪表控制台的向前、向后操作开关状态，驾驶员踏板指令及电机转速等信号，进行车辆行驶模式的选择，进入对应模式的控制部分，得到相对应的电机需求力矩。当钥匙开关处于 ON 挡，挡位开关打开，但是驾驶员没有操作加速踏板或者制动踏板时，车辆进入起步模式，算出该模式所需电机力矩；当驾驶员踩下加速踏板时，车辆进入正常驱动模式，算出该模式所需电机力矩；当驾驶员踩下制动踏板，并且车速高于某一值时，车辆进入制动能量回收模式，算出该模式所需电机力矩。

当算出上述所需电机力矩后，整车控制器根据整车故障情况决定进入正常模式、停止模式、跛行模式或者警告模式，对所需电机力矩进行修正，并将修正后的力矩需求发送给电机控制器，控制电机产生相应力矩。当整车无故障时，车辆可以正常行驶，上述所需电机力矩不做任何修正；当存在三级故障时，车辆进入警告模式，但上述所需电机力矩也不做任何修正；当存在二级故障时，车辆进入跛行模式，按一定比例限制上述所需电机力矩；当存在一级故障时，车辆进入停止模式，修正所需电机力矩为零，使车辆停止。

整车控制器还可以在必要的时候关闭一些用电附件，以延长车辆的行驶距离，使车辆可以安全到家或者附近的维修站。整车控制器所处理的故障一部分是电池管理系统和电机控制器发给它的，另一部分是其本身的故障诊断电路监测得到的。

4. 整车控制策略

整车控制器是电动汽车的核心部件，完善的整车控制器控制策略是汽车安全、高效运行的关键。结合电动汽车行驶的具体要求，纯电动整车控制策略分为驱动控制策略和故障处理策略。驱动控制策略又包括电动汽车起步模式、正常行驶驱动模式和制动能量回收模式。此处重点介绍驱动控制策略。

整车驱动控制策略是指在驱动工况下，整车控制器采集驾驶员操作信号，识别驾驶员意图，然后结合电机控制单元和电池组控制单元发来的电机、电池运行状态对驱动电机提出转矩需求，使电动汽车在满足驾驶员动力性要求的同时，又能保证车辆运行的经济性，提高车辆的续驶里程，同时还能保护电池组、驱动电机等关键动力系统部件。

驱动控制策略的主要任务就是电机需求力矩的确定。电机需求力矩的大小不但取决于加速踏板开度、制动踏板开度等驾驶员操作信号，还取决于驱动电机转速、驱动电机温度、电池组电压、电池组 SOC、电池组电流等反映的动力系统运行情况。加速踏板和制动踏板的开度分别反映了驾驶员对驱动力和制动力的需求，整车控制策略通过采集到的驾驶员对踏板的操作信号识别驾驶员意图，确定电机需求力矩。电机的当前转速、电机当前工作温度都决定了在当前状态下电机可输出的最大转矩。同时要根据动力电池组的 SOC 和总电压等参数对电机的需求力矩进行限制。

1）起步模式

电动汽车的起步过程是指车辆处于驱动使能状态，但是驾驶员没有踩下油门踏板和制动踏板的情况下，电机根据整车控制器提出的需求扭矩命令输出力矩，使电动汽车保持静止状态或者维持在某一较低车速的过程。车辆实际行驶中，根据实际道路的不同分为平路起步、上坡起步、下坡起步。整车控制器根据电机控制器发送来的电机起步时电机的转速和转动方向，判断车辆当前处于上坡起步、下坡起步还是平路起步。

2）正常行驶驱动模式

在汽车的实际行驶中，如果驾驶员踩下了加速踏板，车辆就会进入正常行驶驱动模式。驾驶员对车辆驱动力矩的需求体现在加速踏板的操作上，整车控制策略通过加速踏板开度这个参数去表达。电机在每个转速都有一个最大输出力矩，加速踏板开度和电机的需求力矩存在一定的对应关系。在加速踏板全开时，为了保证汽车具有最大的动力性，电机转矩负荷系数也应该为 100％；在加速踏板为零时，电机不输出动力，电机转矩负荷系数为零。

3) 制动能量回收模式

由整车控制系统控制原理可知，制动系统由两部分组成，一是气压制动系统，一是电机的电制动能量回收。两个系统是非解耦的，也就是说无论是否有电制动，气压制动终始存在。气压制动在制动系统中处于基础地位，电制动只是一个补充，用于回收部分制动能量。

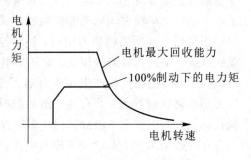

图 7-17 为制动能量回收策略，电制动力矩在电机高速段受最大功率限制，在电机低速段回收效率很低，应该关闭。设计两个速度拐点，一

图 7-17 制动能量回收策略

个是最低的电机回收转速，低于该转速停止电制动能量回收；另一个拐点是电机正常回收转速，在该转速之上电机将按照最大回收力矩的某个百分比进行电制动能量回收，直至受到功率限制。在两个拐点之间设计一段随电机转速降低的回收力矩曲线。以上拐点和百分比数据需要在实车上（或仿真中）进行匹配标定，在能量回收率、制动安全性和舒适性间寻找平衡。

第4节 充电系统

充电桩是固定在地面上为电动汽车提供直流/交流电的充电装置，此外还应具有显示、刷卡、计费以及打印充电信息等功能。

直流充电桩是通过交流电网对电动汽车动力电池直接进行充电的充电装置。因其充电速度较快，所以业内人士也将它称为"快充"。交流充电桩则是通过交流电网凭借电动汽车车载充电机对蓄电池进行充电的装置，由于其充电速度较直流充电桩慢，因此被称为"慢充"。两种充电桩充电方式的区别可以简单地概括为：直流充电桩能对电动汽车蓄电池进行直接充电，而交流充电桩则需要采用车载充电机对蓄电池进行间接充电。两种充电方式在充电速度上也有很大区别。对一辆普通电池容量的电动汽车进行完全充电（电量从 0 到 100％的充电过程）时，利用交流充电桩需要八个小时左右的时间可以完成，利用直流充电桩只需要两到三个小时。交流充电桩充电过程缓慢是因为电动汽车的车载充电机的功率较小。直流充电桩输出电压和电流较大，所以其输出功率也很大，因此直流充电桩可以为电动汽车动力电池进行快速充电。

常用充电方法分为传统充电法和快速充电法两种。传统充电方法有恒流充电、恒压充电两种；快速充电方法通常包括脉冲充电、反射式充电等。

1. 恒流充电

恒流充电法充电曲线如图 7-18 所示。恒流充电法是采用恒定的电流对磷酸铁锂电池充电的一种方法。采用此方法充电时，若电流较大，则会对磷酸铁锂电池的极板造成冲击，造成电池损坏；若电流较小，则起不到快速充电的作用，并且随着充电过程的推进，其副反应增大，影响磷酸铁

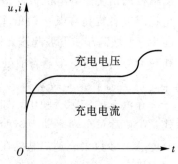

图 7-18 恒流充电法充电曲线

锂电池使用寿命。恒流充电法充电效率一般低于65％，除非一些特殊场合，一般不采用此方法。

2. 恒压充电

恒压充电法是采用恒定的电压对磷酸铁锂电池充电的一种方法，其充电曲线如图7-19所示。在恒压充电初期，充电电流过大，从而致使磷酸铁锂电池大量发热，对磷酸铁锂电池极板带来极大的伤害；在充电后期，由于磷酸铁锂电池端电压较高，导致此时磷酸铁锂电池充电电流减小，充电时间延长。采用恒压充电法操作简单，充电效率可达80％。其缺点为不能兼顾充电速度和电池寿命。采用较大的电压充电时，其充电所需时间减少，但容易对磷酸铁锂电池造成损坏；采用较小的电压充电时，又增加了充电时间且会降低磷酸铁锂电池容量。如今的充电设施中大多不再使用此种方法。

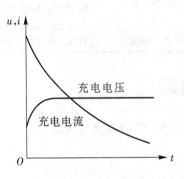

图7-19　恒压充电法充电曲线

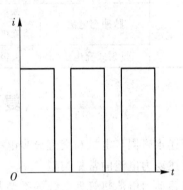

图7-20　脉冲充电法充电曲线

3. 脉冲充电

脉冲充电法是采用电流幅值恒定的正脉冲对磷酸铁锂电池进行充电的一种方法。其正脉冲之间存在间歇，间歇大小由脉冲占空比确定，其充电曲线如图7-20所示。脉冲充电法在一定程度上可以去除磷酸铁锂电池极化现象，提高磷酸铁锂电池充电速率。但其缺点也很明显，能量转换率低，容易损坏电池，影响电池寿命等。这种充电方法目前使用较少。

4. 反射式充电

反射式充电源于脉冲充电，并对脉冲充电进行改进，在正脉冲之间加入短暂负脉冲，用以消除磷酸铁锂电池极化现象。反射式充电法充电曲线如图7-21所示。反射式充电法可以有效去除磷酸铁锂电池极化现象，同时还能减少电池析气量，增加电池循环使用次数，而且与其他传统充电方法相比，充电时间进一步缩短。

传统充电方法控制方式简单，使用方便，但其效率低，充电时间长，且易损坏电池，在充电系统中已逐渐

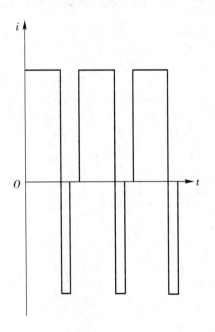

图7-21　反射式充电法充电曲线

被淘汰，不再使用。而现代快速充电方法是对传统充电方法的改进，在充电时改变磷酸铁锂电池的充电接受比和可接受充电电流，消除磷酸铁锂电池极化现象，从而加快充电速度，减少电池损伤。但是现代快速充电法一般存在难以精确控制的问题，然而随着各种控制策略的发展，充电控制变得越来越精确，快速充电方法也越来越多地被采用。表 7-2 为常用充电方法的对比。

表 7-2　几种充电方法的优缺点

充电方法		优点	缺点
传统充电法	恒流充电法	电流大小可以随意调节，只应用于特殊场合	充电效率低，析气量大，容易损坏电池
	恒压充电法	析气量少，效率高	充电速度慢，充电电流不可控
现代快速充电法	脉冲充电法	充电速度较快，一定程度上消除极化现象	容易对电池造成损坏
	反射式充电法	去极化效果好，充电速度快	难以实现充电过程的精确控制

复习思考题

1. 简述永磁同步电机和交流异步电机的工作原理，比较两者的优缺点。
2. 简述动力电池的常见类型。
3. 简述动力电池热管理系统的类型及原理。
4. 简述电动汽车整车控制的基本构型。
5. 查阅相关资料，简述某型纯电动汽车的整车控制策略。
6. 简述目前主流的充电方法及其优缺点。

第八章　汽车传动技术

【学习目标】

通过本章的学习，学生应了解和掌握自动变速器的分类、构造和工作原理，掌握自动变速器的换挡控制原理，熟悉液力变矩器和液力耦合器的基本功能，尤其是液力变矩器的冷却补偿原理，了解无极变速器的特点及优势。

【导入案例】

什么是自动变速器？为什么自动变速器日益受到消费者青睐？

自动变速器由液力变扭器、行星齿轮和液压操纵系统组成，通过液力传递和齿轮组合的方式来达到换挡目的。液力变扭器是自动变速器的核心部件，由于采用非机械传导，因而在此环节会有部分动力损耗。早期自动变速器大多是 4AT，目前应用较多的是 6AT、7AT、8AT、9AT 等，但并不是挡位越多越好，还要看换挡逻辑，6AT 是目前技术最为成熟、稳定的自动变速器。自动变速器故障率很低，只需要定期换变速器油。自动变速器可以缓冲发动机的动力冲击，搭配行星齿轮的机械组合，性能稳定。自动变速器能够承受的扭矩也很高。

全球自动变速器的主要生产厂家如下：

日本爱信（AISIN）。日本爱信是丰田子公司，专业从事汽车变速器制造，6AT 是目前爱信的主打产品，在通用、大众、PSA 集团等汽车品牌有广泛应用，爱信曾经是全球最大的 4 速和 6 速变速箱供应商。

德国采埃孚（ZF）。采埃孚股份公司（ZF Friedrichshafen AG）总部位于德国腓特烈港市，采埃孚集团的汽车动力传动系统和底盘技术具有世界领先地位。目前市场上最常见的采埃孚自动变速器为 8AT 和 9AT 变速器。采埃孚集团在中国拥有优良的客户群体，包括上海大众、上海通用、一汽集团、沈阳宝马、重汽集团、奇瑞公司、金龙公司、东风集团、东南汽车等。产品广泛应用于轿车、客车、卡车、轮船和工程机械类车辆。

韩国派沃泰（Powertech）。派沃泰是韩国现代集团下专门生产变速器的子公司，最主流的产品是 6AT，索纳塔、朗动、ix35、名图、起亚 K3/K4/K5 等车型均搭载派沃泰 6AT。由于与本厂发动机配套，因此匹配完善度较高。

山东盛瑞。山东盛瑞联合德国开姆尼茨工业大学，历经 7 年的研发，使中国成为继德国 ZF、日本爱信、韩国派沃泰之后世界第四个拥有 8AT 的国家。盛瑞的 8AT 主要在自主品牌车型应用，自主品牌市场占有率在 90% 以上。

第 1 节　汽车的传动方式

汽车的传动是指将发动机的动力传递给轮胎并驱动车辆行走，确保车辆在行进或作业过程中具有良好的动力性、经济性和舒适性。活塞式内燃机具有转速高、扭矩小、转速扭矩变化范围小的特点，但车辆使用要求牵引力和车速具有较大的变化范围，因此，需在传动系统中设置变速器，改变传动比，扩大驱动轮转矩、转速的变化范围，在内燃机曲轴旋转方向不变的前提下，实现汽车前进、倒退功能。按照传动系统结构和传动介质，可以将其分为机械传动、液力机械传动、静压传动和电力传动等。

1. 机械传动

机械传动的使用历史最长，优点是结构简单、工作可靠、成本低、维修容易等，缺点是采用人力换挡，在复杂交通情况下，驾驶员易紧张、疲劳，动力中断易产生附加冲击力，频繁换挡会加剧零部件摩擦磨损。图 8-1 为常见的机械式传动系统。

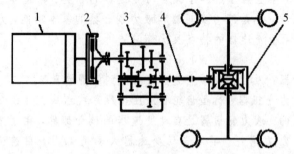

1—发动机；2—主离合器；3—变速器；4—传动轴；5—驱动桥
图 8-1　机械式传动系统

2. 液力机械传动

液力机械传动是液力传动和机械传动的组合。液力传动装置有液力耦合器和液力变矩器两种，液力耦合器只能传递力矩，不能改变力矩大小，液力变矩器能够传递力矩和改变力矩大小，并能实现无级变速。液力变矩器通常需要与机械变速器组合，才能在汽车传动中应用。图 8-2 为液力机械式传动系统的组成。液力机械传动系统能够在一定范围内自动进行无级变速，提高发动机能量利用率，减少换挡频率。由于采用液体作为介质传递动力，能够大幅度降低发动机及传动系统的冲击载荷。

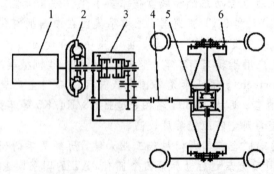

1—发动机；2—液力变矩器；3—机械变速器；4—传动轴；5—驱动桥；6—轮毂
图 8-2　液力机械式传动系统

3. 静压传动

静压传动是通过液体传动介质的静压力能实现传动过程，即用液压泵和液压马达组成回路，主要应用在工程机械领域。静压传动可以减少变速器挡位数量，且液压制动具有能量回收的效果，从而提升发动机的燃油经济性。近年来出现的静压-机械分流传动系统既能保留液压无级变速的优点，又具有传动效率高的特点。

4. 电力传动

电力传动与静压传动类似，由发动机驱动发电机，电动机驱动车轮，在低速纯电动车辆上通常采用电机直驱方式。目前各高校、科研院所均致力于开发四轮独立驱动系统，即每个驱动轴搭载一个电机和轮边减速器。电力传动的优点在于：可按汽车行驶动力需求，以最经济的转速运行，得到恒定功率特性；能够实现无级变速，起步及变速平稳；易于实现制动，提高了行驶安全性；动力装置和车轮之间无刚性联结，便于总体布置及维修。

第 2 节　自动变速器的原理、类型及特点

车辆传动系统操纵过程（换挡）通常分为非动力换挡和动力换挡两种。非动力换挡是指具有主离合器，驾驶员根据车辆行驶条件的变化随时变更挡位，操纵主离合器的切断与结合，在换挡的瞬间，车辆传动的动力中断。非动力换挡要求驾驶员对离合器踏板、油门踏板、换挡手柄等三个操纵件的操作动作准确协调配合，根据路面交通情况及发动机工作状况准确而及时地进行换挡，确保汽车具有良好的动力性和经济性。动力换挡是指在不切断动力情况下进行升降挡操作，通过带有湿式摩擦片的离合器实现，分为手动换挡和自动换挡两种。换挡操纵又可分液压操纵、电液操纵、电液气联合操纵等。

1. 工作原理

自动变速器工作原理为发动机驱动油泵与液力变矩器，动力由液力变矩器经变速齿轮箱传到驱动轮，油泵输出流量经主压力调压阀到液力变矩器，另一路以主压力调压阀调节的主油路压力进入由操纵手柄控制的手动阀，经手动阀将主油路和节气门调压阀、手动阀及速度调压阀接通，节气门调压阀根据节气门踏板位置输出节气门信号油压进入换挡阀、速度调压阀，根据车速输出速度信号油压也进入换挡阀；根据这两个信号油压，换挡阀使换挡执行机构（换挡离合器、制动器）动作，变速器便在某一挡位工作，当节气门开度和车速变化到一定程度，换挡控制阀再根据信号油压自动使变速器升入高挡或降入低挡，如图8-3所示。

液力机械自动变速器的基本工作过程是液力变矩器利用液体的流动，把来自发动机的扭矩增大后传递给齿轮系统，同时，液压控制装置根据驾驶需要（节气门开度、车速等）来操纵齿轮系统，使其获得相应的传动比和旋转方向，执行升挡、降挡、前进、倒退。上述过程中，转矩的增大、节气门开度和车速信号对液压控制装置的操纵、齿轮机构传动比和旋转方向的改变，都是在变速器内部自动进行的，不需要驾驶员操作。

2. 自动变速器类型

根据换挡操作的自动化程度，自动变速器可分为半自动变速器和全自动变速器。在车辆起步过程中或部分挡位可以自动换挡，而不能在全部挡位自动换挡的变速器，称为半自动变速器。能够随着行驶工况的变化，在全部挡位范围内自动改变其传速比的变速器，称为全自动变速器。不同车型所装用的自动变速器在形式、结构上往往有很大的差异。

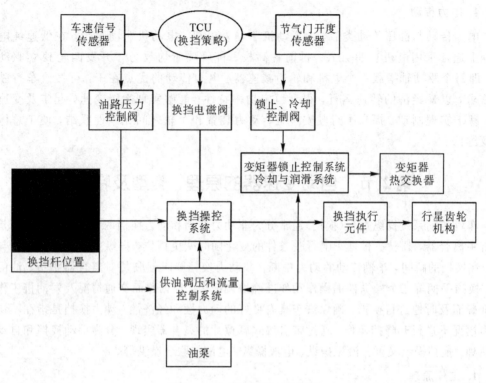

图 8-3　自动变速器工作原理

1）驱动方式

　　按照驱动方式，自动变速器可分为后驱动自动变速器和前驱动自动变速器两种，如图 8-4 所示。这两种自动变速器在结构布置上差异很大，后驱动自动变速器的液力变矩器和齿轮变速器的输入轴及输出轴在同一纵向平面内或平行的平面内，轴向尺寸较大。前驱动自动变速器除了具有与后驱动自动变速器相同的组成部分外，自动变速器与驱动桥组合成一体。前驱动汽车发动机有纵置和横置两种，纵置前驱动自动变速器的结构和布置与后驱动自动变速器基本相同，横置发动机的前驱动自动变速器由于汽车横向尺寸的限制，要求有较小的轴向尺寸，因此通常将输入轴和输出轴设计成两个轴线的方式。

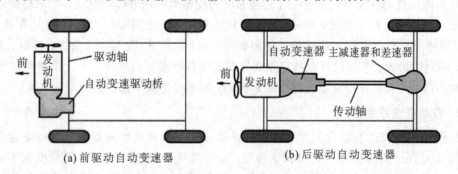

(a) 前驱动自动变速器　　　　　　　　　　(b) 后驱动自动变速器

图 8-4　前驱动自动变速器和后驱动自动变速器

2）前进挡挡位数

　　自动变速器前进挡的挡位数可分为两个前进挡、三个前进挡、四个前进挡三种。早期自动变速器通常为两个前进挡或三个前进挡，没有超速挡，其中最高挡为直接传动挡。目前 6AT 自动变速器为四个前进挡，并设有超速挡，虽然结构更加复杂，但有效改善了汽车的燃油经济性。

3）液力变矩器类型

乘用车自动变速器基本上都是采用单级三元件综合式液力变矩器，这种液力变矩器又分为有锁止离合器和无锁止离合器两种。早期的液力变矩器没有锁止离合器，在任何工况下都是以液力方式传递发动力，传动效率较低；目前自动变速器大都采用带锁止离合器的液力变矩器，即车辆达到一定车速时，控制系统使锁止离合器接合，液力变矩器的输入部分和输出部分连成一体，发动机动力以机械传递的方式直接传入齿轮变速器，提高了传动效率，改善了汽车的燃油经济性。

4）控制方式

根据控制方式，可将自动变速器分为液压控制自动变速器和电子控制自动变速器两种。液压控制自动变速器是通过机械方式，将车速、节气门（油门）开度作为液压控制信号，各控制阀根据这些液压控制信号的大小，按照预先设定的换挡规律，通过控制换挡执行机构的动作，执行自动换挡。电子控制自动变速器是通过各种传感器，将转速、节气门（油门）开度、车速、水温、自动变速器液压油温度等参数转变为电信号，输入控制单元，按照设定的换挡规律，控制换挡电磁阀、油压电磁阀等，将电子控制信号转变为液压控制信号，各控制阀根据这些液压控制信号，控制换挡执行机构的动作，执行自动换挡。图 8-5 为电子控制自动变速器的换挡控制过程。

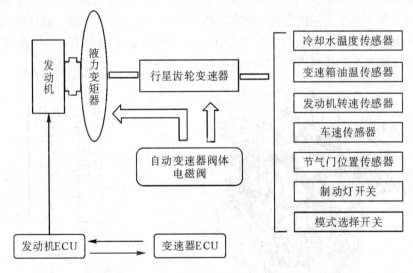

图 8-5　电子控制自动变速器的控制过程

5）齿轮变速器类型

根据齿轮变速器类型，自动变速器可分为定轴齿轮式自动变速器和行星齿轮式自动变速器。定轴齿轮式自动变速器体积较大，只有少数车型使用。行星齿轮式自动变速器结构紧凑，能够获得较大的传动比，应用广泛。行星齿轮式自动变速器又可以分为以下几种：

（1）辛普森式行星齿轮自动变速器。

辛普森式行星齿轮自动变速器是出现最早、应用最广的一种自动变速器，在内齿圈与太阳轮之间只有一级行星齿轮，该结构被称为辛普森行星齿轮机构，行星齿轮均布在太阳轮与内齿圈间，而且几个单级行星齿轮共用一个行星架，行星齿轮分别装在行星架的行星齿轮轴上，行星齿轮在行星架上可以自转，也可以一同随行星架绕太阳轮公转。行星轮在传动中不影响传动比，只起转矩传动作用。辛普森自动变速器总体结构如图 8-6 所示。

图 8-6　辛普森自动变速器

（2）拉维奈尔赫式行星齿轮变速器。

拉维奈尔赫式行星齿轮变速器在行星齿轮机构中有两个太阳轮，在太阳轮与齿轮间有两级行星齿轮，两级行星齿轮分别与各自的太阳轮相啮合，两级行星齿轮共用一个行星架。该种结构被称为拉维奈尔赫式行星齿轮机构。

图 8-7 为拉维奈尔赫式行星齿轮变速器的结构和原理图。这种行星齿轮机构是在太阳轮与内齿圈间有两级行星齿轮，故有两个太阳轮、两个行星齿轮、一个行星架，组成了两个行星排，前后两个行星排共用一个内齿圈，共用一个长行星齿轮，短行星齿轮与其中一个小太阳轮啮合，并与长行星齿轮在行星齿轮机构组合传递动力，它不参与速比的计算，即不对传动比产生任何影响，只是改变力的传递方向。

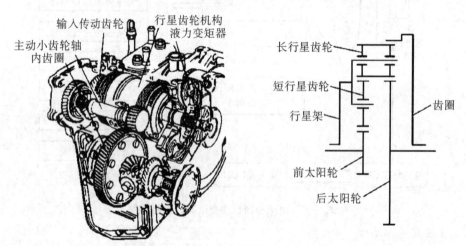

图 8-7　拉维奈尔赫式行星齿轮变速器

3. 自动变速器特点

1）行车安全性提高

自动变速器取消了离合器踏板，简化了驾驶操作过程。由于设置了一个自动换挡区范围的操作手柄，一般情况下，即使在交通繁忙的街道上行驶，也不需更换任何换挡动作，由自动控制系统控制自动换挡。甚至当遇到红灯需要短暂停驶时，也可不移动手柄。驾驶员控制车速时，只需控制好节气门（油门）踏板即可，必要时也可用制动踏板予以配合，因此大大降低了驾驶员的操作强度，行车安全性提高，并且能自动适应行驶阻力的变化，在一定范围内实现无级变速。

2）乘坐舒适性提高

车辆的乘坐舒适性取决于许多因素，例如汽车的悬架系统、发动机的振动与噪声以及换挡过程的平稳性等。自动变速器汽车起步、加速更加平稳，且能把发动机的转速控制在一定范围内，避免急剧的变化，有利于减少发动机的振动和噪声，能吸收和缓冲换挡过程中的振动与冲击，可以得到很平稳的换挡过程并且减少换挡次数，可以提高汽车行驶的平稳性，有效地改善乘坐舒适性。

3）零部件使用寿命延长

自动变速器大多数采用液力传动，发动机与传动系由液体工作介质作"软"性连接，能缓冲接合冲击，对振动能起一定的吸收、衰减和缓冲的作用。液力组件可消除和吸收传动装置的动态负荷，使传动系统零部件的使用寿命延长 2～3 倍。据统计，在恶劣的行驶条件下，自动变速器汽车传动轴上的最大扭矩振幅相当于机械变速器的 20%～40%，原地起步时的转矩峰值相当于机械变速器的 50%～70%，发动机的使用寿命提高 1.5～2.0 倍，变速器寿命提高 1～2 倍，传动轴、驱动轴寿命可提高 75%～100%。

4）良好的自适应性

液力机械自动变速器采用液力变矩器，能够自动适应汽车驱动负荷的变化。当行驶阻力增大时，汽车自动降低速度，使驱动转矩增加；当行驶阻力减小时，车速增加，减小驱动转矩。自动变速过程是按照系统设计的最佳使用要求来进行的，以使汽车获得最佳的动力性和燃料经济性，消除了驾驶员对换挡的依赖。因此，液力机械自动变速器一方面能在一定范围内实现无级变速，大大减少了行驶过程中的换挡次数，另一方面随时都处于最佳挡位行驶，提高了汽车的动力性、燃油经济性和行驶平稳性。

5）传动效率较低

液力变矩器的最高传动效率一般只有 82%～88%，机械齿轮传动的效率可达 95%～97%。采用带锁止离合器的液力变矩器，在一定行驶条件下，锁止离合器结合，使液力变矩器失去作用，输入轴与输出轴变为直接传动，传动效率可接近 100%，这时液力机械自动变速器的传动效率与机械变速器的传动效率相近。

第3节　换挡控制原理

自动变速器换挡控制技术是自动变速器电控系统的核心技术，挡位决策和换挡过程控制是其主要内容。目前，挡位决策以静态换挡规律为主，换挡规律的制定仍采用主观评价为主导的实车试验方式，车辆的动力性、经济性标准在此过程中难于量化，二者之间存在耦合关系。换挡过程采用开环控制方式，其换挡品质的优化则完全依靠工程师进行多工况下的拉网式主观评价试验来实现。本小节以双离合自动变速器（DCT）为例，介绍自动变速器的换挡控制原理。

1. 双离合自动变速器(DCT)

DCT 采用定轴齿轮传动,传动效率较高,近年来逐步成为汽车行业的开发热点。湿式多片离合器具有摩擦性能稳定、控制品质好、磨损小且均匀、传递扭矩大等特点,因而在 DCT 传动系统中得到广泛的应用。现有产品化 DCT 系统中,多采用双中间轴的同轴驱动方式,支撑和润滑结构复杂、加工难度大、制造成本高。DCT 的结构如图 8-8 所示。

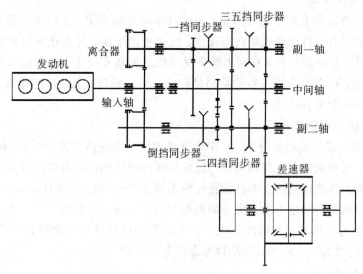

图 8-8　DCT 的结构

2. 换挡点决策

DCT 换挡控制包含换挡点决策和换挡过程控制两部分内容。换挡点的选择将直接影响发动机最优性能的发挥和驾驶操纵性的优劣。

换挡规律作为自动变速理论的关键内容,经历了单参数(车速)、两参数(车速、节气门开度)、动态三参数(车速、节气门开度、加速度)和智能化四个阶段。智能化换挡规律是在两参数或三参数换挡规律基础上,通过行驶环境识别、驾驶员意图识别、车辆状态参数辨识对换挡点进行修正,其系统架构如图 8-9 所示,这些技术提高了换挡规律对于人—车—路闭环系统的适应性。换挡规律以静态 MAP 图形式存储于换挡控制单元中。

换挡规律的制定有以下两种方法:

(1)基于优秀驾驶员经验的换挡规律。通过对优秀驾驶员换挡操纵行为数据学习,获取换挡规律。此方法不具有通用性,进行换挡提取时所需的换挡行为样本量巨大,实际学习效果很难达到优秀驾驶员水平。

(2)基于理论计算的换挡规律。以发动机试验数据为基础,建立发动机的统计模型,在一定的约束条件下,运用作图法和解析法获得换挡规律。

基于理论计算的换挡规律一般可分为最佳动力性和最佳经济性换挡规律。最佳动力性换挡规律是以换挡前后车辆始终保持较大加速度为约束。最佳经济性换挡规律是以最小燃油消耗量为目标,使发动机始终处在最佳经济性工作区域。

通常情况下,仅靠理论计算的换挡规律并不能直接应用,还需进行实车标定试验。标定试验主要采取人工方式,工作量大、效率低,且标定结果依赖工程师主观经验。

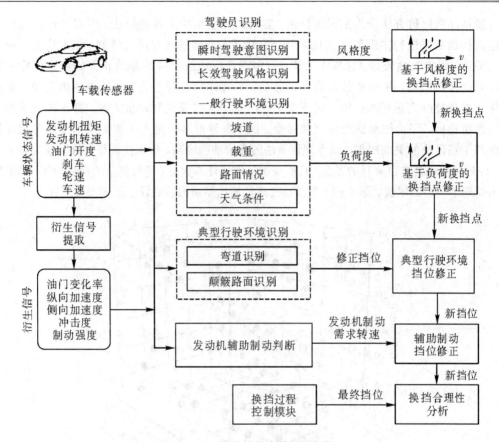

图 8 - 9 智能挡位决策系统架构

3. 换挡品质

自动变速器换挡品质直接反映了用户对于换挡过程及其产生累积影响的认可程度,综合了车辆、用户、环境方面的因素,是一种包含主客观因素的综合评定,其影响因素如图 8 - 10 所示。最初,换挡冲击大小、动力中断时间长短等是换挡品质的主要考量指标,换挡品质仅限于舒适性范畴。尔后,其概念范畴逐渐扩大,目前已被拓展到包含换挡舒适性、燃油经济性、传动系耐久性的范畴,但评价标准尚未统一,评价方法上也有区别。

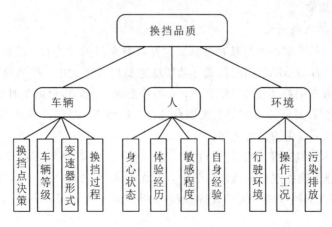

图 8 - 10 换挡品质影响因素

　　换挡品质评价方法分为主观评价法、客观评价法和伪主观评价法。主观评价法将自动变速器换挡品质进行主观等级量化，由专业驾评人员通过试驾进行评测。该方法为企业所广泛采用，但主观性较强，标准无法统一。客观评价法选取换挡品质相关的评价指标来反映实际的换挡质量，并不考虑人的主观感受。客观评价过程更直接，原理清晰简单，更适合作为换挡控制定量标准。伪主观评价法则综合了客观及主观评价方法。其评价过程基于客观评价指标，评价结果则考虑主观感受。伪主观评价多采用人工智能技术实现客观评价指标与主观评价的关联映射。伪主观评价法的评价准确度高，但无法表征评价关联关系的本质，评价过程仍是难以解释的黑盒，且需获取足够的样本数据，进行复杂的模型训练，其推广应用受到了一定的限制。图 8 - 11 为自动变速器换挡品质的主观评价及客观量统计。

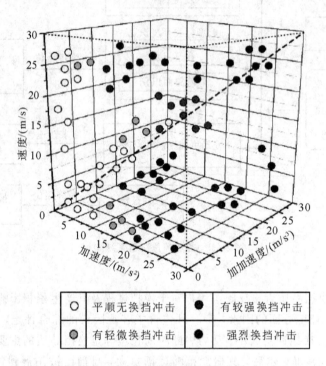

图 8 - 11　主观评价及客观量统计

4. 静态换挡规律

1) 静态换挡规律的内容

　　静态换挡规律是车辆的基础换挡规律，主要影响车辆的动力性、经济性及排放。自动变速器静态换挡规律以 MAP 图的形式存储于变速器电控单元中。换挡控制程序通常会根据当前的工况参数查询换挡规律 MAP 图，获得静态换挡点，再根据实时的动态工况（车辆载荷、坡道、弯道等）对所获得的静态换挡点进行二次修正，最终得到动态换挡点。动态换挡点的评价较复杂，以主观评价为主。

　　静态换挡规律曲线通常是油门开度与车速的函数，由各挡位下的升挡、降挡曲线组成。图 8 - 12 为静态换挡规律曲线图。图中，虚线表示 N 挡降 $N-1$ 挡的降挡规律曲线，实线为 $N-1$ 挡升 N 挡曲线。换挡规律曲线可划分为三个区域：小油门区域、中油门区域、大油门区域。

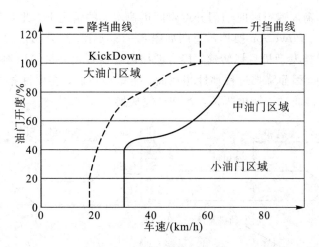

图 8-12　静态换挡规律曲线

（1）在小油门区域，换挡点车速并不随油门开度的变化而发生改变，此阶段对应驾驶员小油门情况下的跟车工况，主要目的是维持车辆速度。

（2）中油门区域连接了小油门和大油门区域，属驾驶工况中的最常用工况，中油门区域换挡规律曲线的制定要更多地考虑动力性、燃油经济性、排放及噪声等因素。

（3）在大油门区域，驾驶员期望得到最大发动机功率。

2）静态换挡规律的制定

静态换挡规律的制定要权衡动力性、经济性、排放及噪声等多个因素，需要进行大量实车试验，以主观经验为主导的试验过程难以获得最优换挡点。静态换挡规律的评价主要考虑动力性、经济性两个因素。最佳经济性换挡规律在动力性方面表现不够出色，而最佳动力性换挡规律在经济性方面有提高的空间，自动变速器换挡规律要求在追求更高的燃油经济性的同时也要保证动力性。因此，制定兼顾动力性和经济性的静态换挡规律是一项重要内容。

（1）换挡规律的动力性。车辆动力性定义为汽车在良好路面上直线行驶时由汽车受到的纵向外力决定的、所能达到的平均行驶速度。它由三个指标来评价：车辆的最高车速、车辆的加速时间、车辆的最大爬坡度。车辆的动力性指标中最高车速及最大爬坡度与换挡规律关系不大，并不能作为换挡规律的动力性指标。

（2）换挡规律的经济性。车辆的燃油经济性常用一定运行工况下汽车行驶百公里的燃油消耗量或到一定燃油量能使汽车行驶的里程来衡量。等速行驶百公里燃油消耗是常用的经济性评价指标，但其并不能全面反映车辆的实际运行工况，因此多采用典型的循环行驶试验工况来模拟实际车辆运行工况，以百公里燃油消耗量来评价车辆的燃油经济性。

5. 典型工况换挡过程分析

DCT 换挡过程一般为 clutch-to-clutch 换挡过程，基于两离合器切换的换挡过程是 DCT 动力换挡过程的核心。根据换挡过程中发动机输出扭矩状态，典型工况换挡可分为发动机处于驱动车辆状态（Power-on）换挡和发动机产生制动扭矩状态（Power-off）换挡。

1）Power-on 换挡过程

Power-on 工况换挡分为升挡和降挡，Power-on 换挡过程控制策略的原则是换挡过程控制中不出现阻力矩。升挡典型工况为油门开度非零情况下车辆换挡过程，Power-on 降挡过程通常发生在车辆加速行驶时油门开度瞬间迅速增大的情况下，此时驾驶员的动力需求通过降挡得到满足。Power-on 换挡示意图如图 8-13 所示，与升挡过程不同，换挡开始时发动机转速小于低挡发动机目标转速，接合低挡离合器则发动机输出为阻力矩，对加速的车辆起到制动作用，因而降挡过程惯性相在前，扭矩相在后。在惯性相调控发动机转速至低挡位目标转速，再通过扭矩相两离合器切换完成换挡。

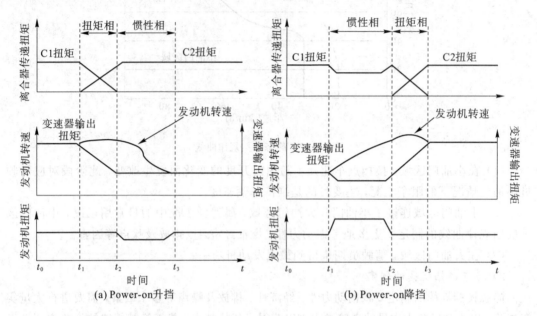

图 8-13　Power-on 换挡示意图

Power-on 升挡过程控制包含扭矩相两离合器切换控制及惯性相发动机扭矩、接合离合器压力的协调控制。扭矩相要保证两离合器的最佳切换时序，即在接合离合器扭矩容量等于发动机输出扭矩时，分离离合器的扭矩容量刚好降为零。实际控制中多采用开环控制方式，在发动机不同负荷、不同挡位下进行两离合器切换压力控制目标曲线的工程化标定，时间及人工成本较高，标定后的切换压力控制目标鲁棒性差，难以实现离合器最佳切换时序。

在升挡扭矩相，随着接合离合器真实传递扭矩的增大，分离离合器真实传递的转矩越来越小，使分离离合器扭矩容量变化趋势与其真实传递的扭矩一致，就能保证合适的切换时序。扭矩容量与其传递真实扭矩相等的条件就是让离合器处于滑摩状态。保持一个较小的相对滑摩转速，既可以实现扭矩容量控制，又可以减小离合器磨损，通常保证滑摩转速在 20 r/min 左右。滑摩转速为当前发动机转速和输出轴转速递推到低挡位离合器从动盘转速的差值，与参考转速做差后作为 PID 控制器的输入量，将比例、积分、微分环节做和，最终得到控制离合器分离的比例阀电压。实现扭矩相分离离合器的滑摩转速控制器，在一定程度上简化了扭矩相离合器切换过程，只考虑接合离合器的油压变化规律即可，闭环滑摩转速控制器会适时将分离离合器扭矩容量降为零。升挡的惯性相阶段，协调控制接合离合器压力、发动机扭矩使发动机转速尽快同步于目标挡位。

理想换挡过程分析表明，仅依靠控制接合离合器压力使发动机转速同步，会在惯性相产生更大的扭矩波动，影响换挡品质。采用发动机与接合离合器协调控制的方法效果较好，但协调控制过程复杂。在惯性相仅控制发动机扭矩并保持接合离合器工作油压恒定，不仅可保证惯性相的变速器恒扭矩输出,控制算法也更易实现。图 8 - 14 为 Power-on 升挡控制策略。

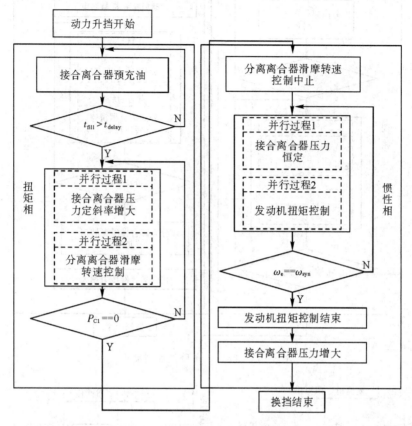

图 8 - 14 Power-on 升挡控制策略

Power-on 降挡过程与升挡过程类似,换挡过程同样由扭矩相和惯性相组成,与升挡过程不同的是其换挡过程为先惯性相后扭矩相。在惯性相调节发动机转速,使其与目标挡位的输入轴转速同步;扭矩相协调控制两离合器压力,完成动力切换。Power-on 降挡过程综合控制策略如图 8 - 15 所示。

惯性相调节发动机转速可通过单独控制分离离合器压力来实现,在这种控制策略下,发动机转速的调节速度将依赖于分离离合器工作油压和当前发动机扭矩大小。分离离合器工作油压的降低会直接引起变速器输出扭矩降低,在油门开度较小的情况下会产生动力中断,影响换挡过程的动力性。参考升挡惯性相控制策略,在惯性相控制发动机升扭,并小幅度降低分离离合器油压,可保证惯性相变速器输出扭矩的基本恒定。同时,调控发动机升扭目标量的大小则可间接控制发动机转速同步轨迹,进而调整惯性相持续时间。降挡扭矩相仍采用升挡扭矩相分离离合器的滑摩转速闭环控制方法,有效调节两离合器切换时序。

2)Power-off 换挡过程

Power-off 换挡与 Power-on 换挡大致相同,但由于工况不同,驾驶员往往更在意 Power-on 换挡过程的换挡品质。Power-off 换挡过程也分为扭矩相与惯性相,只是在二者顺序上有区别。如图 8 - 16 所示,Power-off 换挡过程中发动机扭矩均已降至最低,因而无法实现发动机扭矩调控,变速箱输出扭矩波动的抑制及发动机转速的调整均由离合器压力控制。

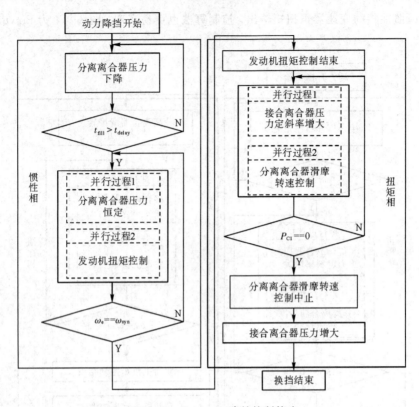

图 8-15 Power-on 降挡控制策略

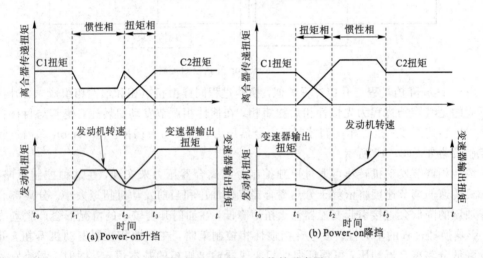

图 8-16 Power-off 换挡示意图

6. 换挡综合控制软件

换挡综合控制软件采用基于模型的开发方式，如图 8-17 所示。

TCU（自动变速箱控制单元）硬件底层驱动代码采用手工编程，并通过负载箱对各输入/输出驱动程序模块、API 进行调试。应用层 DCT（双离合变速箱）换挡综合控制策略在 Simulink/Stateflow 环境下开发，利用 RTW 工具自动生成嵌入式 C 代码。在 COSMIC 软件集成开发环境中进行 C 代码的集成编译，最后通过程序烧写器将程序下载到 TCU 中。

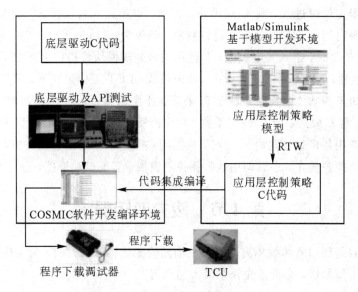

图 8-17　换挡综合控制软件开发流程

ASW 的主程序调用流程如图 8-18 所示。程序开始进入自检模式，主要检测执行机构是否可控，传感器是否有故障，自检模式未通过则进入故障模式的判断，只有故障累积计

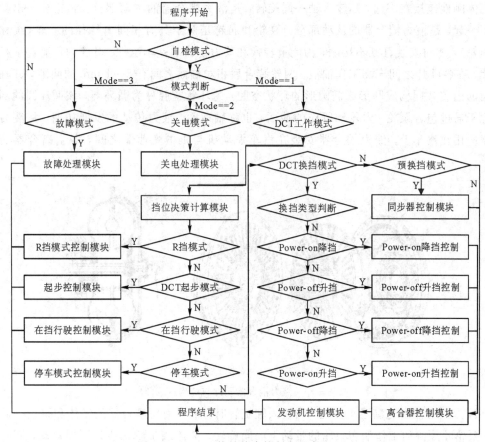

图 8-18　DCT 换挡综合控制主程序流程图

数器的值大于限定值时进入故障处理模块，否则，重新进入自检模式。自检模式通过后，由采集到的信号对当前车辆所处模式进行判断，具体为：Mode 等于 1 时，进入 DCT 工作模式；Mode 等于 2 时，进入关电模式，并调用关电处理模块将挡位置 N 挡，将相关变量保存，关闭主继电器；Mode 等于 3 时，进入故障模式。DCT 工作模式下，首先进行挡位决策计算，根据已知车辆状态，判断车辆是否处于最佳换挡点。分别对 R 挡模式、起步模式、在挡行驶模式、停车模式、DCT 换挡模式、预换挡模式进行判断。除 DCT 换挡模式外，其余模式下分别调用各模式处理模块。DCT 换挡模式需进一步判断换挡类型，根据换挡类型选择对应的换挡控制程序，最后调用执行器控制模块，实现自动换挡。

第 4 节　液力变矩器

液力变矩器是利用液体循环流动过程中动能的变化传递动力的。为了便于理解液力变矩器的结构和工作原理，必须首先介绍液力偶合器。

1. 液力耦合器

液力耦合器是一种液力传动装置，若忽略机械损失，输出力矩与输入力矩相等。液力耦合器主要由外壳、泵轮、涡轮三个部分组成，如图 8 - 19 所示。壳体与输入轴相连；泵轮与壳体刚性连接在一起，随输入轴一同旋转，是液力耦合器的主动部分；涡轮和输出轴连接在一起，是液力耦合器的从动部分。泵轮和涡轮是两个具有相同内外径的叶轮（统称为工作轮），相对安装且互不接触，为能量转换和动力传输的基本组件。叶轮内部有许多径向叶片，在各叶片之间充满工作油液，两轮装合后相对端面之间有 3～4 mm 的间隙，其轴线断面的内腔共同构成圆形或椭圆形的环状空腔，此环状空腔称为循环圆，该循环圆的剖面是位于通过包含泵轮、涡轮轴所作的截面，也称轴截面。液力传动的发展初期，将液力耦合器应用在汽车上，液力耦合器安装在汽车发动机与机械变速器之间，即主离合器的位置上。

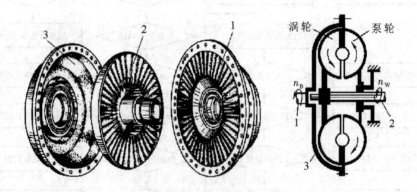

1—泵轮；2—涡轮；3—外壳

图 8 - 19　液力耦合器元件与结构示意图

液力耦合器内充满了工作油，当输入轴旋转时，带动液力耦合器的壳体和泵轮一同转动，泵轮叶片内的工作油在泵轮的带动下一同旋转。液体绕泵轮轴线作圆周运动，同时又在离心力作用下从叶片的内缘向外流动，此时外缘的压力较高，而内缘的压力较低，其压力差取决于泵轮的半径和转速，这时涡轮暂时仍处于静止状态，其外缘与中心的压力相同，涡轮外缘的压力低于泵轮外缘的压力，而涡轮中心的压力则高于泵轮的中心压力，由于两个工作轮封闭在一个壳体内，所以这时被甩到外缘的工作油，就冲到涡轮的外缘，使涡轮在工作油冲击力的作用下旋转。冲向涡轮叶片的工作油沿涡轮叶片向内缘流动，又返回到泵轮的内缘，被泵轮再次甩向外缘，工作油就这样从泵轮流向涡轮，又从涡轮返回泵轮而形成一轮循环。

在循环过程中，输入轴为泵轮提供旋转力矩，泵轮使原来静止的工作油获得动能，冲击涡轮时，将工作油的一部分动能传递给涡轮，使涡轮带动从动轴旋转，因此涡轮承担着将工作油大部分动能转换成机械能的任务。在液力耦合器泵轮和涡轮叶片内循环流动的工作油，从泵轮叶片内缘流向外缘的过程中，泵轮对其做功，其速度和动能逐渐增大；而在从涡轮叶片外缘流向内缘的过程中，工作油对涡轮做功，其速度和动能逐渐减小。因此液力耦合器的传动原理是：输入轴输入的动能通过泵轮传给工作油，工作油在循环流动的过程中又将动能传给涡轮输出，由于在液力耦合器内只有泵轮和涡轮两个工作轮，工作油在循环流动的过程中，除了与泵轮和涡轮之间的作用力之外，没有受到其他任何附加的外力，根据作用力与反作用力相等的原理，工作油作用在涡轮上的力矩应等于泵轮作用在工作油上的力矩，即输入轴传给泵轮的力矩与涡轮上输出的力矩相等，这就是液力耦合器的传动原理。

2. 液力变矩器

1）结构组成

液力变矩器(torque converters)的构造与液力耦合器基本相似，主要区别是在泵轮和涡轮之间加装了一个固定的工作油导向工作轮——导轮(stator)，并与泵轮和涡轮保持一定的轴向间隙，通过导轮座固定于变速器壳体，为了使工作油有良好循环以确保液力变矩器的性能，各工作轮都采用了弯曲成一定形状的叶片。图8-20是液力变矩器的结构组成，主要由可旋转的泵轮B和涡轮T，以及固定不动的导轮D三个组件组成。

泵轮使发动机的机械能转换为液体能量，涡轮将液体能量转换为涡轮轴上的机械能，导轮通过改变工作油的方向而起变矩作用。各工作轮用铝合金精密制造，或用钢板冲压焊接而成。泵轮与液力变矩器壳连成一体，用螺栓固定在发动机曲轴后端的凸缘或飞轮上，壳体做成两半，装配后焊成一体（有的用螺栓连接），涡轮通过从动轴与变速器的其他部件相连，导轮则通过导轮座与变速器的壳体相连。所有工作轮在装配后，形成断面为循环圆的环状体。

液力变矩器的作用体现在如下几个方面：

（1）使发动机产生的转矩成倍增长；

（2）起到自动离合器的作用，传送（或不传送）发动机转矩至变速器；

（3）缓冲发动机及传动的扭转振动；

（4）起到飞轮的作用，使发动机转动平稳；

（5）驱动液压控制系统的油泵。

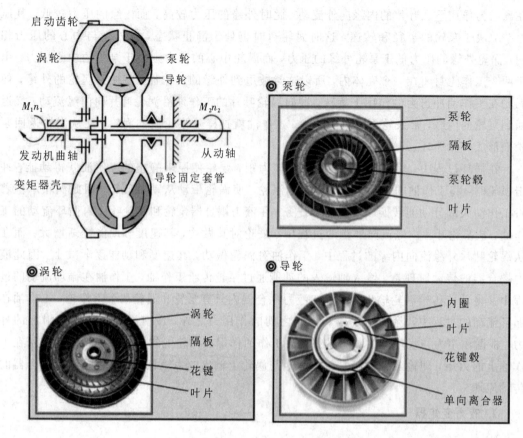

图 8-20　液力变矩器构造及叶轮简图

2）工作原理

液力变矩器正常工作时，储于环形内腔中的工作油，除有绕液力变矩器轴的圆周运动以外，还有在循环圆中的循环流动。与液力耦合器不同的是，由于多了一个固定不动的导轮，在液体循环流动的过程中，导轮给涡轮一个反作用力矩，从而使涡轮输出力矩不同于泵轮输入力矩，因而具有"变矩"的功能。液力变矩器不仅传递力矩，且能在泵轮力矩不变的情况下，随着涡轮的转速不同而改变涡轮输出的力矩。发动机运转时带动液力变矩器的壳体和泵轮一同旋转，泵轮内的工作油在离心力的作用下，由泵轮叶片外缘冲向涡轮，并沿涡轮叶片流向导轮，再经导轮叶片流回泵轮叶片内缘，形成循环的工作油。导轮的作用是改变涡轮上的输出力矩，由于从涡轮叶片下缘流向定叶轮的工作油仍有相当大的冲击力，因此只要将泵轮、涡轮和导轮的叶片设计成一定的形状和角度，就可以利用上述冲击力来提高涡轮的输出力矩。

3. 冷却补偿系统

液力变矩器的传动效率总是低于100%，即在传递动力的过程中总有一定的能量损失。这些损失的能量绝大部分都被液力变矩器中的工作油以内部摩擦的形式转化为热量，并使液力变矩器中的工作油温度升高。为了防止工作油温度过高，必须将受热后的工作油送至冷却器进行冷却，同时不断地向液力变矩器输入冷却后的工作油。液力变矩器的补偿及冷却系统主要由油泵、控制阀、滤油器、冷却器等组成，如图 8-21 所示。液力变矩器中的工作油由油泵提供，从油泵输出的工作油有一部分经过液力变矩器轴套与导轮固定套之间的间隙进入液力变矩器内，受热后的工作油经过导轮固定套与液力变矩器输出轴之间的间隙或中空的液力变矩器输出轴流出液力变矩器，经油管进入安装在发动机散热器附近或散热器内的工作油冷却器，经冷却后流回自动变速器的油底壳。

液力变矩器的各工作轮在一个密闭腔内工作，腔内充满工作油，它既是工作介质，又是各部件的润滑油和冷却剂。当液力变矩器工作时，泵轮高速转动，循环圆内工作油质点在沿工作轮叶片流动时受离心力的作用，叶片上各点处工作油压力均不相同。在泵轮叶片出口处压力最大，而在泵轮进口处的叶片背面压力最低。在工作油加压过程中，若该处压力下降至低于该温度下工作油的饱和蒸气压时，液体便开始蒸发，析出气泡，这一现象称为汽蚀现象。当液体中的气泡随工作油运动到压力较高的区域时，气泡在周围工作油的冲击下迅速破裂，又凝结成液态，使体积骤然缩小，出现真空，于是周围的工作油质点即以极高的速度填补这些空间。在此瞬间，工作油质点相互强烈碰击，产生噪声，同时形成很高的局部压力、温度，致使叶片表面的金属颗粒被击破剥落。因此，汽蚀现象将影响液力变

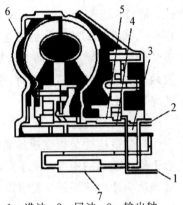

1—进油；2—回油；3—输出轴；4—导轮固定套；5—液力变矩器轴套；6—液力变矩器泵轮壳；7—冷却器

图 8-21　变矩器冷却补偿系统

矩器正常工作，使其效率下降，并伴有噪声，故工作腔内必须保持足够的压力。

在液力变矩器中，为了避免汽蚀及高温而造成的不良后果，需要采用补偿冷却系统，将工作油以一定的压力输送到液力变矩器中，使其循环圆内保持一定的补偿压力，其值视液力变矩器而异，通常在 0.25～0.7 MPa 范围内，而且随工作情况不同而变化。补偿冷却系统的另一个作用是不断地将工作油从液力变矩器中引出，送到冷却器或变速器的油底壳进行冷却。由油泵输出具有一定压力的补偿油，通过固定套管与泵轮壳之间的环状空腔，从导轮与泵轮之间的缝隙进入，由涡轮与导轮之间流出，经固定套管与液力变矩器输出轴之间的环状空腔通往冷却器，使工作油得到冷却。由于补偿压力的存在，工作轮上受到的轴向力较大，因此，在导轮端部装有有色金属推力垫片，在涡轮与壳体之间装有耐磨的塑料垫片。

第 5 节　液力变矩器匹配

液力机械变速器的性能对整车的性能有重要影响。发动机与液力变矩器组合后，可视为一个动力装置，具有了新的输出特性，并直接影响着汽车的牵引性能和工作效率，即汽车的动力性和经济性。此外，液力变矩器与发动机及整车其他部件的合理匹配是进行整车牵引特性计算的基础，也是液力传动车辆动力传动系匹配及其优化设计的前提。

1. 评价指标

反映液力变矩器主要特征的有下面几种指标：变矩性能、自动适应性、经济性能、透穿性能和容能性能。

1) 变矩性能

变矩性能是指液力变矩器在一定工况范围内，按一定规律无级地改变由泵轮轴传至涡轮轴的力矩值的能力。变矩性能主要用无因次的变矩比特性曲线(或 $K=f(i)$)来表示。

评价变矩器的性能有两个指标：启动工况转速比 $i_0=0$ 对应的变矩比 K_0，即启动变矩比；耦合工况变矩比 $K=1$ 对应的涡轮与泵轮的转速比 i_h，即耦合工况速比。启动工况和耦合工况之间的速比称为增速工况范围。一般认为 K_0 值和 i_h 值较大时，液力变矩器的变矩性能好。实际上，这两个参数不可能同时都很大。通常 K_0 值大时，i_h 值小。因此，在比较两个变矩器的变矩性能时，通常在 K_0 大致相同的情况下，比较 i_h 值；或者在 i_h 近似的情况下，比较 K_0。

2) 自动适应性

自动适应性是指变矩器能够根据外界负载的大小，自动改变其转速和转矩值，使系统趋于稳定工作的能力。由于涡轮是液力变矩器与外界负载连接的构件，故一般具有良好的自动适应性的变矩器，要求涡轮的转矩 M_T 随转速 n_T 的增大而下降，即 $M_T=f(n_T)$ 应为随 n_T 增大而下降的函数曲线。

3) 经济性能(或效率特性)

经济性能是指液力变矩器在传递能量过程中的效率变化情况，可用无因次效率特性 $\eta=f(i)$ 表示。一般评价变矩器经济性能有两个指标：最高效率值 η_{max} 和高效率范围的宽度。高效率范围宽度一般是指效率值 $\eta \geqslant 75\% \sim 80\%$ 时所对应的转速范围。

4) 透穿性能

透穿性能是指液力变矩器涡轮轴上的力矩和转速变化时，泵轮轴上的力矩和转速相应变化的能力。发动机始终在同一工况下工作时，当涡轮轴上力矩变化时，泵轮力矩和转速均不变，则这种变矩器具有不透穿性能。当涡轮上力矩变化时，引起泵轮力矩和转速都发生变化，则这种变矩器具有透穿性。发动机与这种变矩器共同工作时，油门开度不变，当外界载荷变化时，发动机工况也随之变化。

5) 容能性能

容能性能是指在不同工况下，液力变矩器泵轮轴吸收发动机功率的能力。对于有效直径相同的液力变矩器，容能性能大则传递功率就大。容能性能可用功率系数 $\lambda=f(i)$ 曲线来评价。

2. 液力变矩器与发动机的匹配原则

(1) 为使车辆在起步时获得最大扭矩，液力变矩器起步工况的负荷抛物线应在发动机最大净扭矩点附近。

(2) 为使车辆应具有良好的动力性，要求液力变矩器在整个工作范围内能充分利用发动机的功率，液力变矩器最高效率工况处于发动机额定功率点附近。

(3) 为使车辆具有良好的燃料经济性，要求液力变矩器与发动机共同作用范围应处于发动机最低燃料消耗率附近。

上面三个原则往往不能同时实现，对于具有透穿性的液力变矩器，其负荷抛物线分布较窄，同时满足上面原则是比较困难的，通常根据车辆的实际使用情况，从汽车的牵引性能、经济性能、效率等方面综合考虑，对发动机与液力变矩器的共同工作范围进行调整。

3. 液力变矩器与发动机的匹配

发动机与液力变矩器组合构成新的复合动力装置，其输出特性与发动机自身的输出特性不同。两者之间的配合，对新的动力源的输出特性存在直接的影响。因此，研究车辆的动力性与燃油经济性的前提是发动机与液力变矩器的共同工作性能。发动机与液力变矩器的共同工作性能就是根据发动机的特性和液力变矩器的原始特性，确定两者共同工作的输入特性、输出特性及其相应的共同工作区域。

发动机和液力变矩器的共同工作与匹配是两个不同的概念，共同工作只是研究两者连在一起后的工作情况，而匹配是研究两者共同工作时，应采用怎样的匹配才能达到最理想的性能。此外，发动机和液力变矩器的匹配还涉及两者共同工作的各种特性曲线。发动机的外特性曲线、液力变矩器的输入特性曲线的数学描述是研究液力变矩器与发动机匹配的基础。在研究发动机和液力变矩器共同工作时，首先要了解发动机和液力变矩器各自的特性，研究两者共同工作的特性，根据实际问题选择不同的评价指标，进行参数优化，从而使两者在共同工作时达到最佳状态。

图 8-22 为发动机与液力变矩器的共同工作流程图。

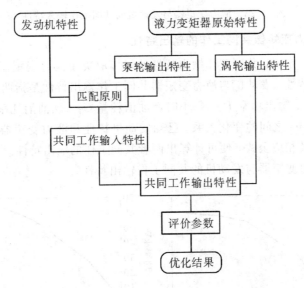

图 8-22　液力变矩器与发动机共同工作流程图

4. 发动机与液力变矩器的共同工作输入特性

发动机与液力变矩器共同工作时，按各自的规律进行工作，只有两者在转矩、转速均相同时，才能稳定地共同工作。发动机与液力变矩器共同工作输入特性是指在不同的液力变矩器工况下(不同的液力变矩器速比)，发动机与液力变矩器共同工作的转矩、转速的变化特性。发动机的外特性与液力变矩器的输入特性存在一系列交点，这些交点即为发动机的使用外特性与液力变矩器的共同工作稳定点。共同工作点的确定是计算两者共同工作输出特性的基础。

图 8-23 为某轿车发动机的负荷特性扭矩曲线与液力变矩器不同工况下对应的泵轮扭矩特性曲线，即发动机与液力变矩器的共同工作输入特性。

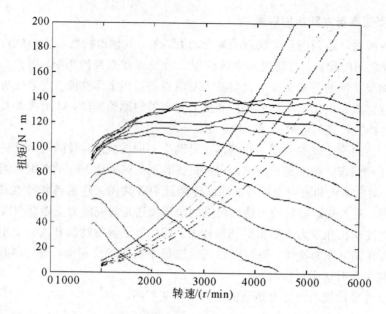

图 8-23　液力变矩器与发动机的共同工作输入特性

5. 发动机与液力变矩器共同工作的输出特性

当发动机特性一定时，共同工作输出特性的好坏取决于液力变矩器的尺寸、原始特性及共同工作的输入特性。发动机与液力变矩器共同工作输出特性是指两者共同工作时涡轮输出轴上的转矩 M_T、输出功率 P_T、每小时燃油消耗量 G_T、燃油消耗率 g_T 和发动机的转速 n_e 随着涡轮转速 n_T 之间的变化关系。已知发动机特性和液力变矩器的原始特性，根据共同工作输入特性及相应公式，便可计算出两者共同工作的输出特性。

图 8-24 为液力变矩器与发动机的共同工作输出特性。

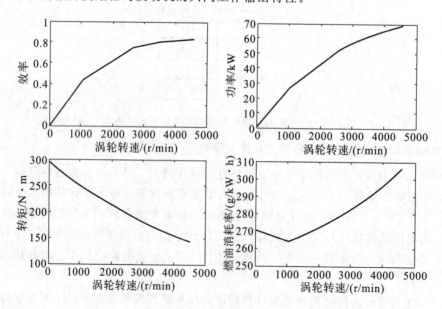

图 8-24　液力变矩器与发动机的共同工作输出特性

6. 液力变矩器与发动机匹配的评价

发动机与液力变矩器共同工作的性能，直接影响着车辆的动力性和经济性，因此，需要选择恰当的动力性和经济性指标。常用的评价参数为：功率输出系数 ϕ_N 和单位燃料消耗量系数 ϕ_{ge}、启动扭矩 M_{T0}、液力变矩器高效范围内涡轮转速工作范围 d_n 及涡轮输出扭矩变化范围 d_M。

功率输出系数 ϕ_N 表示在一定工作范围内涡轮轴平均输出功率对发动机额定功率的比值。单位燃料消耗量系数 ϕ_{ge} 表示在一定工作范围内平均单位燃料消耗量与额定工况下单位燃料消耗量 g_N 的比值。启动扭矩 M_{T0} 根据发动机与液力变矩器共同工作的输出特性求得，它表示车辆启动、加速和克服重负荷的能力。M_{T0} 越大，启动性能越好。液力变矩器高效范围内涡轮转速工作范围 d_n 也是评价共同工作的参数，涡轮转速范围越大，变速箱的排挡数目可相应减少，方便排挡。液力变矩器高效范围内涡轮转矩工作范围 d_M 也是一个评价参数，涡轮转矩范围越大，车辆的适应性会较好。

发动机和液力变矩器匹配的不同的评价指标反映了发动机与液力变矩器共同工作性能的不同侧面。其中功率输出系数和单位燃料消耗量系数相对比较重要，分别体现了共同工作的动力性和经济性。实际中不同的车辆对评价指标的要求是不同的，侧重动力性的车辆，对经济性的要求会有所降低；侧重经济性的车辆，也会适当降低对动力性的要求。通常根据具体车辆的要求，对提出的具体评价指标权衡利弊，采用加权或选用新的目标函数处理，对设定的目标变量进行优化求解。启动扭矩表明了两者匹配后起步阶段的工作状态，是发动机和液力变矩器匹配后起步动力性的重要体现；功率输出系数和单位燃料消耗量系数分别反映了两者在整个共同工作阶段对应的动力性和经济性。

复习思考题

1. 简述汽车的主要传动方式及其优缺点。
2. 简述自动变速器的工作原理以及类型特点。
3. 简述双离合自动变速器换挡点决策流程。
4. 简述双离合自动变速器换挡品质评价方法。
5. 简述液力变矩器的结构组成与工作原理。
6. 简述液力变矩器与发动机的匹配原则。

参 考 文 献

[1]　王建昕, 帅石金, 张俊智, 等. 汽车发动机原理[M]. 北京：清华大学出版社, 2011.

[2]　唐开元, 欧阳光耀. 高等内燃机学[M]. 北京：国防工业出版社, 2008.

[3]　崔胜民. 新能源汽车技术解析[M]. 北京：化学工业出版社, 2016.

[4]　程晓章, 钱叶剑, 汪春梅. 汽车发动机原理[M]. 合肥：合肥工业大学出版社, 2011.

[5]　贺萍. 汽车传动技术[M]. 北京：机械工业出版社, 2009.

[6]　崔胜民. 新能源汽车技术[M]. 北京：北京大学出版社, 2014.

[7]　李瑞明. 新能源汽车技术[M]. 北京：北京大学出版社, 2014.

[8]　许广举. 生物柴油非常规污染物形成机理的理论分析与试验研究[D]. 镇江：江苏大学, 2012.

[9]　刘帅. 页岩气预混火焰及发动机燃烧过程稳定性研究[D]. 镇江：江苏大学, 2016.

[10]　李铭迪. 含氧燃料颗粒状态特征及前驱体形成机理研究[D]. 镇江：江苏大学, 2014.

[11]　赵洋. 柴油机EGR氛围颗粒的形成及衍变规律研究[D]. 镇江：江苏大学, 2016.

[12]　周飞鲲. 纯电动汽车动力系统参数匹配及整车控制策略研究[D]. 长春：吉林大学, 2013.

[13]　黄万友. 纯电动汽车动力总成系统匹配技术研究[D]. 济南：山东大学, 2012.

[14]　李辉. 动力电池热管式散热系统研究[D]. 长春：吉林大学, 2016.

[15]　杨建飞. 永磁同步电机直接转矩控制系统若干关键问题研究[D]. 南京：南京航空航天大学, 2011.